搞懂
裝潢行情
省錢還賺價差
暢銷更新版

CONTENTS

編 輯 手 記

好友M買房子裝潢的時候，拿過一張估價單好生氣，

估價單位全部都是「一式」，讓她搞不懂費用到底合不合理，

最後當然也沒找那個工班。

今年初換自己要裝潢，雖然不至於遇到報價不實的工班，

但對於「估價費用」這件事卻也學到不少經驗，

就拿油漆來説，第一個來報價的師傅東看看、西看看，

10分鐘後告訴我，工期差不多要二週，費用約莫NT.6萬5千元，

我內心的OS是，20坪的房子要二週？價錢還是M小姐家的一倍多？

重點是沒有白紙黑字，單單口頭報價，實在讓人不放心，

 →

去年底買的房子，快速地在一個月內完成裝潢，雖不
是百分百完美，卻也達到自己理想的樣貌。

第二個師傅完全不同，房門噴漆、舊鞋櫃噴漆、天花板刷漆、

牆面刷漆的價錢寫得非常清楚，單價是多少也都有，

甚至還說我們家屋況還算不錯，只要局部批土即可，(極力想幫我們省錢)

也解釋噴漆手續比較複雜，要一層一層上，還要等乾了才能上第二層，

所以單價比較貴，結論是比第一位師傅報價便宜了幾乎一半！

當然，裝潢屋主每個人都想省，但更重要的是，

我們也想知道錢花到哪裡？哪些工會比較貴？

為什麼一樣大的廚房，有些人做完要NT.20萬？有的只要NT.10萬元？

因為材質不同嘛！而且櫃體是隨門板的材質去計價，

陶瓷鋼板、實木絕對比美芯板、鋼琴烤漆來得貴，

「搞懂裝潢行情」公開裝潢工程中的每個項目價位，

除了讓屋主了解市場價格，也能透過材質、工法上的挑選，

縮減裝潢預算，在有限費用之下，開心打造自己想要的居家風格！

責任編輯
許嘉芬

買了中古屋，
手頭上預算又不夠多，
要煩惱的就是哪些該拆？
哪些要留？

如果原有房子裝潢比例不高反而好，代表你需要拆的東西不多，
而衛浴、廚房通常是即便預算再少也希望變動的區域，
至少換個磁磚、換個衛浴設備就能煥然一新！

不過拆到有水有電的地方要特別小心，
除了要記得關閉水、電的總開關之外，
尤其是拆除浴室磁磚的時候，其實很容易發生水管敲出破洞的機會！

通常也比較常發生在中古屋翻修，建議乾脆一併將水管換新，
另外，如果各位屋主們想在拆除階段去監工，
也切記準備耳塞備戰，現場的噪音指數絕對超乎想像，
讓你才剛進去就想立刻逃跑………

小心別拆到結構、管線否則可會淹大水

▶ 拆除費用Check!

這些不拆也沒關係

❶ 如果空間深度較淺，或格局本身略帶壓迫感，也可以藉由**拆半牆**或是**具反射性效果的鏡面材質**，延伸視覺。

❷ 磁磚地面不拆**直接貼超耐磨地板**。

❸ 廚房牆面**以烤漆玻璃取代傳統壁磚**。

❹ 舊有**鋁窗窗框重新上色**，就能省下整個鋁窗的拆除和窗框、玻璃費用。

❺ **舊磁磚重新刷上新漆料**，省下拆除、泥作和清潔費用。

千萬不能拆

❶ **主要結構（樑．柱．載重牆面）不能打除**。舉凡柱、樑、樓板、樓梯等地方都是房屋結構的一部分，如果隨意更動都會造成房屋的結構變化，其結果將會相當嚴重。如果非更動不可，那麼需要由專業的結構技師事先鑑定，至於鑑定費用則須由業主與設計師協調分擔。假若真的不小心破壞，也需要請專業廠商來做結構補強。

❷ **消防管線和消防設備要拆得先和大樓管委會做確認**。每年大樓都會例行做消防檢查，如果因裝潢要變動位置，必須要屋主和大樓管委會確認後才能動，以免影響居家安全。

※ 本書價格僅供參考，實際價格以市場狀況而定。

預算比例

▼ 中古屋

超過 15 年以上的中古屋，屋況多半沒有新屋好，可能面臨光線陰暗或是格局窘迫的情況，**因此多數會建議局部的格局重整，約莫佔總預算 5 ～ 8%。**

▼ 新成屋

若預售時已做好客變，基本上不太會有拆除的費用，但會有保護的費用，另一種情況是**微調格局，一道牆面的拆除**，如果是點工發包，**大約是 NT.2,000 ～ 2,500 元，透過發包會是 NT.10,000 元，差別在於搬運與清潔垃圾。**

費用陷阱

陷阱❶ 一般拆除如果是全部發包，都會包含清運和搬運的費用，但假如是點工形式的拆除，就不會有清運垃圾的服務。

陷阱❷ 浴室、廚房是否整間全拆，以及地板有無需要拆除到結構體、壁面是否去皮都會影響報價，與設計師、廠商估價的時候，都需要再次確認拆除的詳細操作內容。

陷阱❸ 拆除也有分大工、小工（依經驗不同）的價錢也不同，一般打石工的價錢落在 NT.2,500 ～ 3,000 元不等，會帶機具但不裝袋清運，小工則是落在 NT.2,500 ～ 3,000 元之間，視工作的難易度不等。

圖片提供 © 演拓空間設計

01-1 木作櫃拆除

『櫃子多不等於好收納，把不必要的櫃子拆掉吧！』

Dr.Home 良心話

拆除雖然是把不要的東西打掉，但對於不拆的地方也要做好保護措施，拆櫃子看似只要把櫃子通通打掉就好，但如果能把破壞的程度降至最低，未來修補才不會更花錢。

拆鐵釘的時候要避免傷到牆壁

櫃體	多少錢？約 **NT.350** 元／尺

怎麼拆才對？

將木作櫃的門片卸除，拿下木作櫃內的層板，再用大鐵鎚破壞木作櫃結構，牆壁表面如果有木作裝飾也一併拆除。

小心施工！

木作拆除時，動作不能太大，也不能硬把鐵釘敲出來，而是用電動起子旋出或是打磨工具磨平，盡量不傷到牆面。好的拆除可以將破壞的程度減到最少，細膩處理細部才不會拆過了頭又要花錢再修補。

圖片提供 © 演拓空間設計

1 拆除
2 水電
3 鋁窗
4 泥作
5 空調
6 木作
7 系統櫃
8 油漆
9 木地板
10 大理石
11 玻璃
12 鐵件＆五金
13 廚具
14 衛浴
15 燈具
16 窗簾
附錄

01-2 隔間拆除

『拆除之前要先搞懂隔間的結構是什麼』

Dr.Home 良心話

裝潢預算有限的話，建議盡量不要拆到隔間，否則又會需要泥作、油漆來修補，增加費用，如果真的要移動隔間，也要做好完整規劃，避免重覆施工。

厚度超過 18 公分千萬別拆！

| 磚牆 | 多少錢？約 **NT.1,000~1,500** 元／坪 |

什麼時候用？

通常發生在改變房子格局的時候，比如說希望光線好一點或是空間大一點的狀況下，但是如果牆的厚度超過 18 公分，就算是剪力牆，拆了會破壞結構性，並不建議拆除。

小心施工！

1. 拆磚牆的時候會先用大型榔頭搭配碎石機敲除牆面，可以先敲打中間段的牆面，讓上方的磚牆自然塌下，可以節省拆除時間。

2. 有開口（如門、窗）的隔間，要分次切割再拆除，避免太大塊不好搬運，也容易塌下砸傷人的危險。

如果有門的牆，要分次切割再拆除。

拆完後檢查有無白蟻、蛀蟲

木隔間 & 輕隔間

多少錢？以工計價約 **NT.2,000** 元/工

什麼時候用？

輕隔間一般多在 9mm 厚度左右，材質有矽酸鈣板或是輕鋼架，目前有些新大樓隔間牆也多會用輕隔間取代磚牆，非私密性的書房或起居空間可考慮拆掉輕隔間放大視覺。

圖片提供 © 演拓空間設計

小心施工！

1. 木隔間拆除時可檢查房子是否有白蟻或蛀蟲的情形發生。

2. 拆除輕隔間可先破壞表面的封板板材，再針對交接處破壞，將整塊板材拆下。

將原有輕隔間拆除後，改以穿透性佳的玻璃材質取代，就能提升整體空間的明亮度。

圖片提供 © 演拓空間設計

01-❸ 天花板拆除

『藏有管線和消防灑水頭,拆除的時候要小心』

Dr.Home 良心話

如果原始天花板壓低空間高度,又或者是想要改變照明方式,就得拆除天花板結構,但如果天花板材料沒問題,只是髒了、或是顏色老舊,那也可以透過油漆修補的方式,不見得非要拆除。

1 拆除
2 水電
3 鋁窗
4 泥作
5 空調
6 木作
7 系統櫃
8 油漆
9 木地板
10 大理石
11 玻璃
12 鐵件＆五金
13 廚具
14 衛浴
15 燈具
16 窗簾
附錄

注意別敲到管線

木作天花	多少錢?約 **NT.650** 元 / 坪

🐰 什麼時候用?

早期裝潢的中古屋常見氧化鎂板甚至是夾板天花板,氧化鎂板的抗潮力差,如果空間太潮溼,很容易出現水痕、剝落的情況,而且也因為附著力低,填縫的地方很容易會因熱脹冷縮產生龜裂,如果是夾板材質,則沒有耐燃功能,因次通常也會建議替換掉。

⚒ 小心施工!

1. 拆除的時候要特別注意管線,小心不要破壞到灑水頭或消防管線。

2. 曾經變更過格局的要特別留意,裡面可能藏有不同用途的線路。

3. 拆除時要先破壞灑水頭或消防感應器旁邊的木板,才會不甚勾扯到造成漏水。

01-④ 地板拆除

『磁磚拆到見底，木地板底板要拆乾淨』

Dr.Home 良心話

地板拆除是裝潢工程中最常見的項目，尤其是在廚房地磚的更換，或是原有架高木地板的拆除，想省錢的話也可以避開拆地板，將原有地磚鋪上木地板，但如果是要局部更換地磚，除了要考慮磁磚的色差，還要注意厚度是否一致。

底板也要一起拆乾淨！

木地板	多少錢？約 **NT.700** 元／坪

✌ 什麼時候用？

預更換地板材質抑或是不想保留原有架高區域，就必須將木地板拆除。

⚒ 小心施工！

1. 拆除之前可先判斷是否有電管、或是水管經過。

2. 木地板拆除完後，要特別留意釘子有沒有清乾淨。

3. 木地板踩踏時會發出聲響，可能是因為底板與面板沒有密合，所以在拆除舊地板的時候，一定要將原有底板一起拆除，再鋪設新的木地板，日後才不會發出聲響，千萬不要因為省錢而不拆底板。

圖片提供◎演拓空間設計

地面見底要防水

磁磚

多少錢？約 **NT.1,400** 元／坪（見底）

約 **NT.1,000** 元／坪（去皮）

❊ 什麼時候用？

舊有地磚面臨更換大理石或其它磁磚材質時，就必須將磁磚拆除，通常為了避免底層附著力差，影響未來新鋪設的地板，一般還是會建議以見底的方式拆除。

圖片提供 © 演拓空間設計

✎ 小心施工！

殘留的水泥一定要清乾淨，以免日後地板鋪好會發生膨、翹的現象。

如果拆除完地磚想使用不同的材質，原有地坪拆除時，應注意不同建材會有不同厚度的需求。

圖片提供 © 演拓空間設計

01-⑤ 其它

『浴室拆除要見底，設備保留要做保護措施』

Dr.Home 良心話

中古屋翻修絕大多數都會選擇將廚房、浴室、鋁窗重新整頓，浴室拆除建議將磁磚打到見底，重新施作防水層，廚具拆除若要保留原磁磚，也記得請師傅小心操作，避免傷到舊磁磚。

殘留矽利康要剔除乾淨

廚具拆除	多少錢？ 約 **NT.5,000** 元/間

✌ 什麼時候用？

舊屋裝潢多數人會選擇將廚具拆除重新規劃，如果預算不足，覺得廚具還算堪用，只是風格不符，也能考慮選擇更換櫃體門片。

✎ 小心施工！

1. 檯面和牆壁的交界處，通常會有矽利康殘留，記得要剔除乾淨。

2. 如果地磚不更換的話，切記要做好保護措施，拆除抽油煙機之後也要注意油汙。

保留廚房舊磁磚的廚具拆除，要注意地面排水孔要避免異物掉落，磁磚也要小心破壞。

攝影 ©Patricia

磁磚打除要見底

浴室拆除

多少錢？約 **NT.3,000~5,000** 元／坪

什麼時候用？

浴室拆除一般發生在中古屋翻修，會一併將衛浴設備替換，或是將更改為乾濕分離更好用。

小心施工！

1. 浴室的衛浴設備拆起前，需要先塞住出水孔和排水管，避免異物掉入 導致後來水管不通。

2. 拆除衛浴之前務必要先關水關電，防止工程中發生漏水、觸電等意外。

3. 在不影響清潔和供排水的情況下，馬桶可以留在最後拆除，以方便施工人員在現場使用。

攝影 ©Patricia

防水層要清乾淨

鋁窗拆除

多少錢？約 **NT.700** 元／尺

什麼時候用？

超過 15 年以上的中古屋，建議窗戶可重新規劃，早期窗戶的分割都太多，就算戶外有好風景也會被切割，加上防水功能也減弱，另外，如果緊臨大馬路，鋁窗的氣密性也很重要，可以針對需求再選擇氣密性更好的窗戶。

小心施工！

門窗拆除時，記得原有防水填充層要清除乾淨，如果沒有，再做新的門窗時會影響到尺寸大小，同時新的防水處理可能會無法做得完善。

圖片提供 ©領拓空間

1 拆除
2 水電
3 鋁窗
4 泥作
5 空調
6 木作
7 系統櫃
8 油漆
9 木地板
10 大理石
11 玻璃
12 鐵件＆五金
13 廚具
14 衛浴
15 燈具
16 窗簾
附錄

分類再裝袋

廢棄物清運　多少錢？約 **NT.12,000~15,000** 元 / 車

🖐 什麼時候用？

拆除後的廢料必須清理運走，傾倒在合法的廢棄物堆置場，一般以「車」為計算單位。

🔨 小心施工！

垃圾清除有裝袋和散裝二種方式，特別要注意的是要請到具有專業證照的廢棄物清潔公司到場處理清運。裝袋式要注意安全，嚴禁從高層以拋丟方式造成巨大聲響，散裝垃圾則要做好綑綁的動作。

圖片提供◎演拓空間室內設計

Dr.Home 小提醒

做完了！看這裡

1 檢查沒有拆除的磚牆是否有倒塌的疑慮。
2 天地壁拆除後確認有無破壞現場管線。
3 木地板拆除後，可用鐵鎚敲敲看有無出現空心的怪聲，以確認木地板下的磁磚或打底層是否需要拆除。

監工要注意

1 拆除順序一般是由上而下、由內而外、由木而土，現場可依照情況彈性調整順序，拆除時多半先由天花板開始，接著再到牆壁、地面，有些櫃子和天花板連結，在拆除時要特別注意，避免塌陷的意外。
2 管道間的部分，拆除壁面時要特別避免水泥或磁磚掉落進去，否則掉落的物品可能會砸破隱藏在內的管線造成損壞。
3 壁紙注意不要使用過酸的水，比如鹽酸刷除，否則會將水泥劣質化，且日後在上油漆時會造成裂痕或沙化。

拆除工程費用一覽表

項目	價格	附註
櫃體	NT.350 元 / 尺	
磚牆	NT.1,000 ～ 1,500 元 / 坪	超過 18 公分不能拆
木隔間＆輕隔間	NT.2,000/ 工	
木作天花	NT.650 元 / 坪	避免打到消防管線
磁磚	NT.1,400 元 / 坪（見底） NT.1,100 元 / 坪（去皮）	底板也要拆乾淨
木地板	NT.700 元 / 坪	
廚具拆除	NT.5,000 元 / 間	
浴室拆除	NT.3,000 ～ 5,000 元 / 坪	見底重貼最有保障
鋁窗拆除	NT.700 元 / 尺	舊防水要清乾淨
廢棄物清運	NT.12,000 ～ 15,000 元 / 車（中南部約莫便宜 1 ～ 2 成）	

1 拆除
2 水電
3 鋁窗
4 泥作
5 空調
6 木作
7 系統櫃
8 油漆
9 木地板
10 大理石
11 玻璃
12 鐵件＆五金
13 廚具
14 衛浴
15 燈具
16 窗簾
附錄

不論是中古屋或是新成屋裝潢，
切記一定要多預留插座！

千萬別忘記傢具擺放的位置，
否則可會發生插座全被傢具擋住的尷尬情況，
不要想著多增加幾個出線口會增加太多費用，
其實頂多也只是多幾千元而已，
總比以後要拉延長線使用來得好吧！

另外，選購燈具最好要現場確認材質、尺寸，
如果希望是明亮一點的照明，燈罩的包覆性就不要太大，
吊燈的重量也要納入考量，
就算天花板結構經過補強，但如果連雙手舉起來都非常吃力，
建議還是放棄選這樣的燈具，
而吊燈的高度雖然一般設定在離地 170 公分左右，

不過切記，使用者在於自己，
水電師傅安裝時最好待在現場確認。

線路移位
最花錢
管線更新
省不得

▶ 水電費用 **Check!**

千萬不能省

❶ **水電通常是連工帶料，**所以**報價時**一定要請師傅到家裡，**以現場管線長短、需要改動的部分進行估價。**

❷ 超過 **20 年以上的中古屋**，由於水電管路已年久失修，因此最好再請師傅**重新配管並提升電容量**，才能應付未來的居家使用需求。

❸ 開關、插座少做一點，**省下線路與面板的費用，但卻會造成日後使用不便**，例如處處都要拉延長線、或是每次開燈都得全室一起亮，長久下來的電費相當可觀。

預算比例

❶ 20 ～ 30 坪三房兩廳的住家，如果要**全室管線重換約需要 NT.18 萬～ 25 萬元不等**的工程費用。

❷ 在**舊屋翻新**的裝修工程中，住家管線全部**重新規劃的費用，約佔總工程款比例的 5%。**

❸ 水電工程是與生活品質息息相關的住家更新，**最好是藉由大翻修時一起重新進行**，不然泥作一旦封起來，再想要更動就等於所有工程重新來過。

❹ **衛浴設備**如浴缸、面盆、馬桶、淋浴間水龍頭的安裝必須要**另外收費。**

　　　※ 本書價格僅供參考，實際價格以市場狀況而定。

這些不換也沒關係

❶ **屋齡 10 年以下的房子**，若預算不夠的話，可以**先不考慮全室管線換新**。

❷ **衛浴用擴大替換移位。**若能不動馬桶、淋浴間位置，能省下管線遷移、地板架高（隱藏管線）、淋浴間防水、排水、貼磚等費用，價格相當可觀。

❸ **乾濕分離**施工需要裝設淋浴間金屬配件與玻璃工程，**可以利用浴缸搭配浴簾省錢**，同時也具有適度乾溼分離的效果。

費用陷阱

陷阱❶水電工程是連工帶料的方式。若水電師傅沒到現場、看過管線的距離、評估所需工程，估價可能會跟實際上有很大落差，甚至總額不變卻偷工減料的情況。

陷阱❷水電管路施工大部分**以距離來計價**，因為**管線長短牽涉到成本高低**，以尺為單位的情況比較常見。有時會看到用坪數來報價，因為模糊地帶大、不夠精準，要格外留意。

陷阱❸費用高低有時候會牽涉到施工的精緻度。除了比價、記得也要比師傅的口碑與施工上的自我要求，光是貪小便宜卻沒得到應有的品質，反而得不償失。有的工班價格較高，但細節都會幫屋主注意，例如配電箱拉的井井有條、每條線都拉的很筆直；每條線都套硬管等。

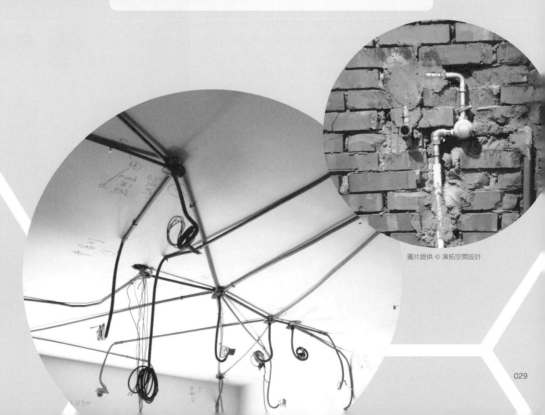

圖片提供 © 演拓空間設計

02-① 配電及開關

『根據生活習慣配置，電線藏得好又能不跳電！』

Dr.Home 良心話

迴路設計與總電量是否足夠，是配電最大重點。尤其迴路設計會直接影響使用便利與安全，迴路越多水電預算越高，但仍建議在經濟許可下多細分規劃，增加高耗電產品的專線迴路配置。千萬別在水電費用上錙銖必較，造成日後因同一迴路負載太多高耗電量的電器，每次同時使用就會跳電，徒增不便。

加大內嵌會多出泥作施工費用

開關箱	多少錢？約 **NT.15,000** 元/個（電力開關箱盤更換、整理）

☝ 什麼時候用？

舊配電盤若太小，無法容納新增的迴路，就需要更換較大型的配電箱，開關箱要有清楚標示，確認每個無熔絲開關分別代表哪一個區域，以方便電源需要再次啟動或者檢修時的辨認。

⚒ 小心施工！

1. 更換大型配電箱需要重新打牆，會增加泥作的預算，也可以作外凸式的，加裝壁櫃裝飾。

2. 開關箱打開後裡面一個個黑色的開關，就是無熔絲開關，一個無熔絲開關就代表一個迴路。

3. 水電師傅到家中要先計算，預估家中電器所需要的總安培數，30 坪住家一般配置為 75 安培。

圖片提供 © 演拓空間設計

打牆修補費用少不得

位移	多少錢？約 **NT.3,000~5,000** 元／組 （對講機移位配線）

什麼時候用？

開關、插座需要位移時，水電工程需要有打管溝、拉線配管、泥作修補、垃圾清運等主要四個動作，之後還有油漆工程費用。通常會全室加總、用「管線路變更異動」名稱，以「一式」為單位呈現。

小心施工！

1. 開關、插座的位移或增加，都可以從最近的開關、插座作延伸。需注意的是如此一來就屬於同一迴路，要先了解電器種類再做規劃。

2. 如果需要位移的插座、開關是在傢具後方，可以直接拉明線，節省打牆的費用。

圖片提供©Patricia

價格解析 PLUS+

如果因為位移遷管線需要打磚牆時，也會視情況另外收費。總價是以打牆的天數與施工人數下去計算；在估價單上通常會以「一式」為單位收費。

進行水電工程之前，務必想清楚哪些位置可能需要配電、插座。

圖片提供 © 雲墨空間設計

1 拆除
2 水電
3 鋁窗
4 泥作
5 空調
6 木作
7 系統櫃
8 油漆
9 木地板
10 大理石
11 玻璃
12 鐵件＆五金
13 廚具
14 衛浴
15 燈具
16 窗簾
附錄

做好專線迴路，電器全開也不跳電

迴路		
多少錢？**廚房專用迴路**：	約 **NT.2,500** 元/迴	
冷氣、電熱水器、電陶爐電源線：	約 **NT.2,500** 元/組	
電燈、插座、洗衣機：	約 **NT.2,000** 元/組	
地板插座迴路：	約 **NT.2,000** 元/迴	
地板插座面板（國際牌）：	約 **NT.3,000** 元/個	
3合1電源線、控制線管路、安裝：	約 **NT.3,500** 元/迴	

✎ 什麼時候用？

迴路會牽涉到日後生活的便利性，例如有了雙切開關就可以不用為了開關燈跑來跑去；烤箱與微波爐同時啟動就不會怕跳電、用的膽顫心驚。屋主最好能提供習慣使用與可能會增設的電器，才能讓設計師與水電師傅作個別配置！

⚒ 小心施工！

1. 用電量大的如微波爐、烤箱等電器，可以拉 5.5 的專線直連配電箱，解決同時使用大電量電器導致跳電的問題。

2. 裝修時若沒有詳細規劃各種迴路就進行動工，日後有缺漏的部分就得拉明線，造成美觀與使用上的困擾。

3. 專電是指供電給大負載特殊固定設備所使用的電源，如：五合一暖風機。專插則是提供給可移動的大負載型家電使用的插座，如電熱器、烘衣機等。

開關位置的設計要能符合生活便利性，如果餐桌兼具工作桌的功能，不妨在地面規劃地板專用插座，未來使用筆電，或是吃火鍋都很方便。

1 拆除

2 水電

3 鋁窗

4 泥作

5 空調

6 木作

7 系統櫃

8 油漆

9 木地板

10 大理石

11 玻璃

12 鐵件＆五金

13 廚具

14 衛浴

15 燈具

16 窗簾

附錄

量身規劃才能擺脫延長線！

出線口	多少錢？燈具出線口：約 **NT.500** 元／個
	開關、插座、地底燈具出線口：約 **NT.550** 元／個
	電視、電話出線口：約 **NT.2,000** 元／個
	網路出線口：約 **NT.2,000** 元／個
	雙切開關出線口：約 **NT.700** 元／個

什麼時候用？

一般會在報價單上看到「出口」這個單位，指的是電源出口、或電燈出口。需注意的是通常出線口會與面板價格分開計算喔！想省出線口，就得預期未來延長線大軍會大舉入侵你家囉！

攝影©Patricia

小心施工！

1. 如果出線孔做在非結構性的牆面，例如說在木板隔間、輕隔間等，一定要做好出線盒的固定支撐，否則容易因為鬆脫而發生危險。

2. 電視、網路出線口因為線材不同，價格比較貴。

3. 水電放樣後，屋主可以到現場確認開關、插座的位置、數量，避免日後使用不便。尤其是電視線、網路線、電話線若經接線，訊號就會不良，有問題就得重拉，因此最好能放樣時就確認清楚。

4. 裝設開關、插座面板時，注意要在同一水平上以及是否有裝歪。

視聽設備的線路比較多而且複雜，所以在規劃之前一定要先告知設計師、工班使用的視聽設備有哪些，才能將電線藏起來。

圖片提供©演拓空間設計

02-❷ 給排水

『管線材質、種類要用對！』

Dr.Home 良心話

裝潢常用管線主要以 PVC 塑膠管、金屬管為主，因為都要埋入泥作中，使用時要小心選擇材質。PVC 管壽命約 15 ～ 20 年，鋼管壽命約 10 ～ 15 年，依照使用環境而定，如果年限到了、剛好要整修住家，機不可失、趕快通通換新吧！

注意水壓、作好避讓措施

冷熱水管出口	多少錢？PVC 冷水給水配管：約 **NT.1,500** 元／口

不鏽鋼壓接管熱水給水配管（披覆）：約 NT.4,000 元／口

🔧 什麼時候用？

熱水管現在多為不鏽鋼材質，記得要在外頭加裝保溫套披覆，減少在熱水輸送時熱能的喪失；在裝設時因為是金屬材質，角度會有所限制，所以要優先安排。

✎ 小心施工！

1. 冷水管通常會使用可以轉彎的 PVC 塑膠管，也可使用金屬管。

2. 埋壁式出水設計常見於浴室浴缸或洗手台位置，因為從外觀上無法看出配管是否歪斜，所以在打底配管後以測試棒檢查，以免日後無法補救。

3. 冷熱水管需注意水壓，在經過別的管線時得注意高度，做好避讓措施。

冷水管

圖片提供© 演拓空間設計

管線材質要拿對，不能混著用

排水配管	多少錢？排水配管：約 **NT.1,800** 元/口

汙水配管：約 **NT.2,000** 元/口

汙排水管移位：約 **NT.5,000** 元/口

🚿 什麼時候用？

從管類進駐開始，便要小心注意施工者是否拿對管類，比如 PVC 管有分為 A、B、E 管，不得混合使用，以及安裝上是否處理妥當。

⚒ 小心施工！

1. 接頭如需彎烤，避免過熱情形造成管類的焦黑、碳化情況，降低管子本身抗壓係數。

2. 盡量避免管與管之間不同材質的混接，比如不鏽鋼管接 PVC 管，兩種抗壓力係數不同，易產生爆管的情形。

排水管

3. 如果是明管式，要做管座或水泥固定，否則水管會產生振動與噪音，電管易產生脫線情況。

4. 原有排水不用時，會用管帽或塑膠袋堵住洞口，再打入矽利康，確定完全填補後，再塗上防水層直至與 RC 齊平。

5. 浴缸應該做兩個排水口，以防破裂時，水積在下方排不出去。

越來越多人將廚房改成開放式設計，但如果廚房發生漏水狀況，其它空間也會連帶遭殃，所以給排水更需要被重視。

圖片提供 © 演拓空間設計

1 拆除
2 水電
3 鋁窗
4 泥作
5 空調
6 木作
7 系統櫃
8 油漆
9 木地板
10 大理石
11 玻璃
12 鐵件&五金
13 廚具
14 衛浴
15 燈具
16 窗簾
附錄

斜度夠才能暢通無阻

糞管	多少錢？配管：約 **NT.4,200** 元/處
	移位配管：約 **NT.4,200** 元/處

✂ 什麼時候用？

糞管管徑約 15 公分，為了保持暢通無阻，所以是不能平移的。依據衛浴移的位置越遠，地面就得加得越高，斜度足夠才能不阻塞。

✎ 小心施工！

1. 糞管不能有太多折彎，以免阻塞不順。

2. 在衛浴移位時，管線盡量不要拉太遠，馬桶位置移動距離拉得越長，糞管坡度就要越斜。

圖片提供 © 演拓空間設計

糞管

壁掛式馬桶的糞管是走牆面，而一般馬桶則是走地面，裝潢之前一定要根據設備種類的差異性，重新規劃適當的管線位置。

圖片提供 © 演拓空間設計

1 拆除
2 水電
3 鋁窗
4 泥作
5 空調
6 木作
7 系統櫃
8 油漆
9 木地板
10 大理石
11 玻璃
12 鐵件&五金
13 廚具
14 衛浴
15 燈具
16 窗簾
附錄

02-❸ 設備、燈具安裝

『一旦決定好位置就不能改』

Dr.Home 良心話

衛浴安裝包含馬桶、浴缸、浴櫃、面盆等設備，需要配合管線，根據每項設備注意不同細節，作挖孔、調製水泥砂等多種繁複的動作，至少得花上一天的時間才能完成，所以支付安裝費用是非常合理的！

安裝難度高，廠商負責較有保障

衛浴設備安裝　　多少錢？約 **NT.4,500~6,000** 元 / 間

🐰 什麼時候用？

由於衛浴的種類越來越多元、安裝上也越趨複雜，所以盡量由專業的衛浴廠商負責安裝，越了解安裝的細節，才能避免安裝不當造成日後困擾。

🔨 小心施工！

1. 衛浴設備安裝並不簡單，約要花費一天時間。

2. 牆壁打洞時最好打在磁磚間的縫隙上，避免打在磁磚上而裂掉；石英磚更硬，會增加難度。

3. 馬桶安裝時，以馬桶中心開始計算，左右保留 42.5 公分，是使用最舒適的寬度。

4. 面盆上緣離地面約 85 公分，是一般最符合人體工學的高度。

圖片提供 © 演拓空間設計

小心卡樑！注意維修方便

燈具安裝　　多少錢？約 **NT.200** 元/個

什麼時候用？

一般燈具安裝不太會用數量計算，通常和嵌燈挖洞一起計算，用「一式」作單位、以總價計算。

小心施工！

1. 嵌燈挖洞前，要先確認燈具的孔距大小。

2. 要注意裝設上方是否有樑，若會卡到樑身，就得移位。

3. LED 燈的變壓器容易壞，配置位置就要格外注意，記得拉到維修口附近，方便日後更換。

4. 燈具若太重，需要注意載重問題，可先請木工師傅在天花上以角材與夾板加強吊掛區域。

Dr.Home 小提醒

做完了！看這裡

1. 若手邊沒有萬用電表，最簡便的方式就是藉由小夜燈燈泡進行測試。

2. 可將浴室排水孔塞住後放水，放水約高 2 公分即可，觀察是否會滲漏，再約好樓下屋主在 24 小時後查看他們廁衛的天花板有無漏水。

3. 直接潑水於地面及牆面，觀察是否有滲漏情形；而浴缸在施作時會進行試水測試。

4. 打開水龍頭測試水壓是否足夠。

監工要注意

1. 搭接式接線要確認安全，搭接後要確定再使用電器膠帶作確實的纏繞防止感電。

2. 泥作結構內要使用 PVC 硬管來作保護，而活動配線至少要套上軟管保護並且做適當固定，以避免晃動鬆脫。

3. 室外需使用具有防水功能的出線盒，衛浴空間則可使用不鏽鋼製，一般房間則使用鍍鋅處理，如果有生鏽記得要更新。

4. 熱水用金屬管分為兩種常用的結合方式，一種是車牙式，另一種為壓接式。車牙式要注意不得車得太深，牙紋深度要控制好，纏繞止水帶時要確實。壓接式在壓接時要確實不能過壓，壓太大力會內凹而造成滲水。

5. 排水管坡度要視管徑而定，管徑越小排水坡度要越大。

水電工程費用一覽表

項目	價格	附註
電力開關箱盤更換、整理	NT.15,000 元 / 個	最重要
冷氣、電熱水器、電陶爐電源線	NT.2,500 元 / 組	
電燈、插座、電動捲簾、洗衣機、加壓機電源線	NT.2,000 元 / 組	
廚房專用迴路	NT.2,500 元 / 迴	規劃好免跳電
地板插座迴路	NT.2,000 元 / 迴	
地板插座面板（國際牌）	NT.3,000 元 / 個	
3 合 1 電源線、控制線管路、安裝	NT.3,500 元 / 迴	
燈具出線口	NT.500 元 / 個	
開關、插座、地底燈具出線口	NT.550 元 / 個	多留才能擺脫延長線
電視、電話出線口	NT.2,000 元 / 個	
網路出線口	NT.2,000 元 / 個	
雙切開關出線口	NT.700 元 / 個	最方便
對講機移位配線	NT.2,000 元 / 個	
PVC 冷水給水配管	NT.1,500 元 / 口	
不鏽鋼壓接管熱水給水配管	NT.4,000 元 / 口	
排水配管	NT.1,800 元 / 口	
汙水配管	NT.2,000 元 / 口	
汙排水管移位	NT.5,000 元 / 口	位移要小心
衛浴設備安裝	NT.4,500 ～ 6,000 元 / 間	
燈具安裝	NT.200 元 / 個	

1 拆除
2 水電
3 鋁窗
4 泥作
5 空調
6 木作
7 系統櫃
8 油漆
9 木地板
10 大理石
11 玻璃
12 鐵件 & 五金
13 廚具
14 衛浴
15 燈具
16 窗簾
附錄

濕式施工最保險，崁縫確實防水才到位

▶ 鋁窗費用 Check!

千萬不能省

❶ **中古屋要考慮迎雨向在哪裡，增加小雨遮**，想省錢可以用鋁板上面加人工草皮，或是請鐵工製作不鏽鋼材質的框再加上玻璃。

❷ 如果是臨馬路邊的房子，建議**公共空間、臥房**可**選用**有**品牌**的**隔音窗**，後陽台再搭配一般品牌的去平衡預算。

❸ **鋁窗漏水**有很多種原因，可能是矽利康老化，或是早期窗框沒有做好泥作崁縫、窗框外部也沒有防水，此時一定要**先請專業廠商進行判斷**。

預算比例

❶ 一般**新成屋比較少會出現鋁窗工程**，除非是二次工程外推窗或其它因素，尤其現在新大樓都禁止建築外觀做改變。比較常發生的是廚房門改為三合一通風門，那麼頂多會增加 NT.10,000 ～ 15,000 左右。

❷ 中古屋的鋁窗工程費用會因為拆除的差異而有價差，比方說只有拆除窗戶，**窗框不拆改用包覆**的方式，這樣的做法會比拆除整樘窗戶來得**便宜**，但是**防水性和隔音性**稍為會**差**一點。

※ 本書價格僅供參考，實際價格以市場狀況而定。

省錢可以這樣做

① 如果預算有限儘量**選擇一般品牌氣密窗**，避開知名品牌。

② **以平窗為主**，避免選用外推凸窗，因為外推凸窗必須再加上包覆費用。

費用陷阱

陷阱① 鋁窗品牌之間的價差也很大，**估價單**上也應**註明使用的品牌**為何。

陷阱② 注意紗窗形式，摺紗、傳統型、捲紗價格都不一樣，一般橫拉窗配的是**傳統型紗窗，價格最便宜**，與摺紗高達 2 倍左右的價差。

陷阱③ 一般鋁窗的鋁料顏色有白鐵色、棕色、黑棕色、香檳、乳白、純白選擇，如果要**搭配建築外觀改色**，例如烤成鵝黃色就**必須加價。**

陷阱④ 估價單上還要**寫清楚窗戶的形式、尺寸**，因為每一種窗戶的單價皆不同，也可以確認是否和當初溝通的一致。

陷阱⑤ 目前一般住家所選用的窗戶玻璃多為 8mm，如果對隔音較有要求的話，可改為 5m+5m 膠合，而 **Low-E 玻璃**是目前**單價最高**的種類，每才約為 NT.300 ～ 600 元。

陷阱⑥ 有些廠牌的**兒童安全鎖**是基本配備，有些則**需要做選配加購**，估價單上若無註明最好提出詢問。

圖片提供 © 優墅科技門窗

03-① 窗戶種類

『橫拉窗最普遍，廣角窗需注意施工。』

Dr.Home 良心話

一般設計公司在於鋁窗工程多是以品牌＋窗戶形式作為報價的基本，若有增加玻璃厚度則會再另外條列出玻璃的價錢，而至於崁縫、防水部分則是交由泥作師傅處理。但假如是單獨發包鋁窗廠商施作，則會包含鋁門窗、紗窗、玻璃、安裝費用、拆紙、塞水路各自的費用。

住宅最普遍也最便宜的選擇！

橫拉窗

多少錢？約 **NT.600~1,200** 元／才（此為包含 5m+5m 複層玻璃與傳統紗窗）

好用在哪裡？

橫拉窗的開啟方便，是目前住宅主要使用的窗戶型式，一般多為平均對稱的分割設計，亦可以根據需求調整分割的比例。

小心選購！

1. 氣密性。測量一定面積單位內，空氣滲入或溢出的量。CNS 規範之最高等級 2 以下，即能有效隔音。

圖片提供：麥堡科技門窗

2. 水密性。測試防止雨水滲透的性能，共分 4 個等級，CNS 規範之最高標準值為 50 kgf／m2，最好選擇 35 kgf／m2 以上，來適應國內常有的風雨侵襲的季風型氣候。

3. 耐風壓性。耐風壓性是指其所能承受風的荷載能力，共分為五個等級，360 kgf／m2 為最高等級。

4. 隔音性。隔音性與氣密性有極大關聯，氣密性佳、隔音性相對較好。好的隔音效果，至少需阻絕噪音 30 至 35 分貝。

不用全開就能達到通風透氣效果

推射窗

多少錢？約 **NT.7,500** 元／窗

✌ 好用在哪裡？

屬於外推形式的窗，比起橫拉形式，擁有比較好的氣密性，可以做下推或側推，側推設計經常會搭配固定窗，左右以推開窗達到通風透氣的效果，也常用在樓梯間或是浴室。

✎ 小心施工！

若欲安裝在高樓層，建議搭配限制開關器使用，避免強烈陣風造成危險。

圖片提供 © 優墅科技門窗

可自由調整通風量

廚房三合一通風門

多少錢？約 **NT.11,000** 元／樘（正常尺寸 100*210）

✌ 好用在哪裡？

過去傳統陽台門都必須完全打開才能通風，三合一通風門的好處是，只需一個旋轉鈕就可以調節室外通風量，而且還能選擇全通風量，半通風量或是全密閉。

★ 哪裡可以用？

適合安裝在廚房、陽台及露台等需要通風但又不想讓視線完全穿透的室內空間的地方。

圖片提供 © 優墅科技門窗

1 拆除
2 水電
3 鋁窗
4 泥作
5 空調
6 木作
7 系統櫃
8 油漆
9 木地板
10 大理石
11 玻璃
12 鐵件＆五金
13 廚具
14 衛浴
15 燈具
16 窗簾
附錄

視野、採光一級棒！

廣角窗

多少錢？約 **NT.900~1,100** 元／才（此為包含 5m+5m 複層玻璃與傳統紗窗）

✌ 好用在哪裡？

1. 特色在於其主體結構突出外牆，造型立體；與一般凸窗不同之處，在於廣角窗的上下蓋，是與牆面順接，外觀看起來較為一體成型。

2. 常見的廣角窗，中間為固定的景觀窗設計，兩側搭配可開啟的推射窗。大帷幕的窗扇，搭配左右斜角，讓視野變成「超廣角」，利於通風，採光更明亮。

圖片提供 © 優墅科技門窗

🔨 小心施工！

1. 上廣角窗的上下蓋以斜切角與牆面接合，外觀看不到支架，但其實內部是藉由角鋼作為承重支撐，約每間隔 30 公分嵌入一根角鋼，以確保窗的穩固性與載重能力。

2. 廣角窗的轉角柱體較易滲水，因此須將頂端處預先密封後再施工。

3. 窗體安裝時，須注意垂直、水平，並確認無前傾、後仰。

圖片提供 © 優墅科技門窗

適合歐式、鄉村風格，還可以防盜！

格子窗

多少錢？約 **NT.900~1,000** 元/才（此為包含 5m+5m 複層玻璃與傳統紗窗）

✌ 好用在哪裡？

1. 結合氣密、隔音及防盜多重機能於一身。窗格材質一般以鋁質格或不鏽鋼格為主，有些品牌以穿梭管穿入，增加架構強度；有些則是以六向交叉組裝模式，增加阻力。

2. 窗格內外緊貼強化玻璃（一般外玻約 5 mm、內玻約 5mm），複層玻璃中央為乾燥的空氣層設計，可創造一阻絕層，減緩玻璃對溫度及音波的傳遞，達到維持室溫、提升冷房效益，並有效隔絕室外噪音。

⭐ 該怎麼選？

1. 格子窗是以複層玻璃搭配中央鋁格，由外無法直接接觸到鋁格，且玻璃為防盜強化玻璃，才能達到提升破壞難度。購買前務必清楚評估，以免買到仿冒商品。

2. 衡量防盜格子窗的防風、抗震能力一般可從水密性、氣密性與抗風壓係數來確認品質。如 CNS 水密 50 kgf / m2、氣密 2 等級以下、抗風壓 360 kgf / m2，為最高等級。

3. 考量空氣通風問題為讓空氣可以流通，以及避免危急情況發生，建議選擇可開窗的活動款式，或是部分固定、部分可開啟的款式，才能無礙逃生安全。

圖片提供 © 僾墅科技門窗

1 拆除
2 水電
3 鋁窗
4 泥作
5 空調
6 木作
7 系統櫃
8 油漆
9 木地板
10 大理石
11 玻璃
12 鐵件＆五金
13 廚具
14 衛浴
15 燈具
16 窗簾
附錄

03-❷ 紗窗種類

『傳統紗窗 C/P 值高，摺紗、捲紗既通風又不擋景觀』

Dr.Home 良心話

紗窗主要功用在於阻擋蚊蟲進入室內，如果空間所在沒有景觀的考量，建議搭配傳統紗窗即可，如果希望達到通風和景觀兩全的狀況下，再選擇可隱藏起來的摺疊式紗窗或是捲軸式紗窗。

主婦最愛，便宜好用

傳統紗窗	多少錢？約 **NT.80~120** 元／才

☺ 什麼時候用？

台灣住宅多以傳統紗窗為主，價格便宜。紗網重視蚊蟲的隔絕，又要考量穿透性，建議採用黑色高透視性的顏色。

★ 材質有哪些？

紗網的材質又有分尼龍紗網、牛筋紗網，以耐用性來說，牛筋紗網比較好。另有以高密度聚乙烯與樹脂結合的高強度紗網，其線性強韌耐用，彈性佳且耐高溫。

攝影＝Patricia

氣流可以自由進出，保持良好通風

摺疊式紗窗

多少錢？約 **NT.211~250** 元/才

什麼時候用？

摺疊式紗窗讓紗窗可整片收起，主要是紗網規劃為可摺式，內有線軸搭配軌道滑動，解決傳統紗窗大面積佔空間的缺點，而且可以整片收起或打開，讓氣流自由進出，保持良好通風。

小心使用！

1. 摺疊紗窗能完全收起或打開，靠的是軌道裡面有線軸，大多數可以採階段式開和關，讓線軸有緩衝的機會，就能延長使用壽命。

2. 有些人會擔心摺疊紗窗不耐用，不小心碰撞可能會破壞摺紗，另有日本進口摺紗可選擇，紗網結構相當紮實，碰撞後只要稍微整理就能恢復原貌。

圖片提供◎優墅科技門窗

可平順拉動更方便

捲軸式紗窗

多少錢？約 **NT.382** 元/才（基本才數為7才）

什麼時候用？

捲軸式紗窗可以平順拉動，收起來的時候沒有縫隙。

小心清潔！

可拆除清洗，容易保養，不用拆除整座紗窗，只需拆除捲軸護片，以濕布於捲軸處，邊拉出紗，邊清潔即可。

圖片提供◎優墅科技門窗

1 拆除
2 水電
3 鋁窗
4 泥作
5 空調
6 木作
7 系統櫃
8 油漆
9 木地板
10 大理石
11 玻璃
12 鐵件&五金
13 廚具
14 衛浴
15 燈具
16 窗簾
附錄

03-③ 加購配件

『家有幼童務必選購！』

Dr.Home 良心話

兒童安全鎖和開口限制器其實功能都一樣，在於限制窗戶的開口寬度，只是開口限制器是搭配推開窗使用，其它窗戶則是使用兒童安全鎖。

防止兒童墜樓一定要裝！

兒童安全鎖　　多少錢？約 **NT.250** 元／組

什麼時候用？

裝置兒童安全鎖可控制窗戶的開啟寬度，防止兒童不小心開啟窗戶造成危險。

小心選購！

有些門窗廠商的兒童安全鎖可結合窗戶作嵌入式設計，如圖中所示，利用圓鈕去控制開啟的限制與否。亦有部分兒童安全鎖是裝設在窗戶的軌道上，端看個人的使用習慣而定。

圖片提供 © 優墅科技門窗

推開窗必備的配件

開口限制器　　多少錢？約 **NT.850** 元／組

什麼時候用？

與兒童安全鎖有異曲同工的功能，只是在於結構性不一樣，利用卡榫式限制窗戶開口，一般都是用在推開窗，材質為不鏽鋼。

圖片提供 © 優墅科技門窗

1 拆除

2 水電

3 鋁窗

4 泥作

5 空調

6 木作

7 系統櫃

8 油漆

9 木地板

10 大理石

11 玻璃

12 鐵件＆五金

13 廚具

14 衛浴

15 燈具

16 窗簾

附錄

03-❹ 玻璃種類

『5m+5m 複層玻璃對一般住宅就夠用！』

Dr.Home 良心話

通常設計師的報價多半不會單獨列出玻璃的費用，而是包含在窗戶的價錢內，但即便如此也必須寫出使用的玻璃種類。但如果是膠合、LOW-E 玻璃或其它特殊厚度玻璃就會單獨拉出。然而若是發包鋁窗廠商製作，一般會獨立列出玻璃費用。

可隔熱又有保溫效果

複層玻璃

多少錢？約 **NT.800~1,000** 元／才
(5mm 光強化 +18A+5mm 光強化複層玻璃)

✌ 什麼時候用？

以台灣北部的天氣而言，建議使用複層玻璃，冬季時，複層玻璃室內面較不容易結露，且具有保溫功能，不僅能維持室內空調的溫度，也能在節能減碳上出一份心力。

6mm光+18A飾條+(3+3)mm膠合複層玻璃剖面示意圖

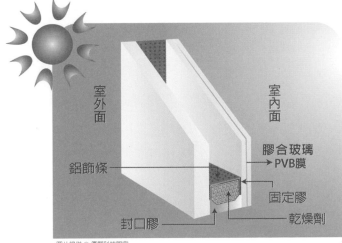

室外面

室內面

膠合玻璃 → PVB膜

鋁飾條

固定膠

封口膠

乾燥劑

圖片提供 © 優墅科技門窗

LOW-E 玻璃　　多少錢？約 **NT.600** 元 / 才

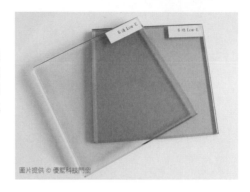

✂ **什麼時候用？**

如果是西曬或是頂樓，又或者是南部住宅，一般
會建議使用 Low-E（Low-emissivity glass）玻
璃，能有效阻擋熱能與紫外線。但因 Low-E 玻璃
成本較高，若無此預算，則可改用反射玻璃加上
遮光材的使用；或者，於窗的開口處採內凹設計，
以減少直接日照的熱源。

圖片提供 © 優墅科技門窗

Dr.Home 小提醒

做完了！看這裡

1 檢查矽利康收邊是否有確實施作。
2 外框、內扇、紗窗不能搖晃掉落。
3 窗扣閉合要順暢，內扇、紗窗要好拉動。

鋁窗安裝流程

1 放樣：確認窗型樣式與安裝位置，最好標註窗框編號、樣式（注
　意開向）
2 放樣確認：確認 進出、左右、水平位置，水平高度一般為地面
　算起 100 公分，
　俗稱室內基準水平線，有些會用黏條子的方式，將有圓洞的鋁
　條黏著在 RC 面上，以此作為安裝窗戶的左右與水平基準。
3 螺栓打投：以紅外線定位垂直線來鑽孔，避免預埋的膨脹螺絲
　歪斜。端部算起第一點須為 15 ～ 20 公分，首支膨脹螺絲之後
　的間距為 45 ～ 50 公分，並於洞口四面完成膨脹螺絲的固定。
4 鐵件安裝
5 鋁窗安裝
6 固定（焊接）：焊接作業完成後，需晃動窗框，檢查是否焊接
　牢固。確認 OK 後，即可進行防水與崁縫的作業。
7 塞水路：崁縫需分段多次作業。填縫時，需一邊填補，另一面，
　補助阻擋，增加填縫的密度。每回填縫過後，立即徒手將多餘
　的填縫劑刮除，並以濕布清潔，保持膠帶潔淨的狀況。

鋁窗工程費用一覽表

項目	價格	附註
橫拉窗	NT.600 ～ 1,200 元 / 才	便宜好用
廣角窗	NT.900 ～ 1,100 元 / 才	景觀最完整
推射窗	NT.7,500 元 / 窗	
格子窗	NT.900 ～ 1,000 元 / 才	兼具防盜
三合一通風門	NT.11,000 元 / 個	
複層玻璃	NT.800 ～ 1000 元 / 才	
LOW-E 玻璃	NT.600 元 / 才	隔熱最厲害
傳統紗窗	NT.80 ～ 120 元 / 才	價格最便宜
摺紗	NT.211 ～ 250 元 / 才	
捲紗	NT.382 元 / 才	
兒童安全鎖	NT.250 元 / 組	家有幼兒必備
開口限制器	NT.850 元 / 組	

※ 鋁窗費用主要為品牌價差，國產、進口價差約為 2 倍。

1 拆除
2 水電
3 鋁窗
4 泥作
5 空調
6 木作
7 系統櫃
8 油漆
9 木地板
10 大理石
11 玻璃
12 鐵件＆五金
13 廚具
14 衛浴
15 燈具
16 窗簾
附錄

砌磚、防水、貼磚，
這些涉及水泥和砂的工程，
都是屬於泥作師傅的範圍

一般新成屋泥作的佔比很低，
但如果是中古屋翻修，廚房、衛浴大改造的話，
肯定少不了泥作工程，特別是衛浴整間重來，
光是施作時間就可能要花費一個禮拜，
因為每一個步驟都急不得，要設定水平線，
打底要平整，否則以後貼磚可是會不平！

防水也得確實，
很多泥作師傅、設計師現在早已都要求整間浴室必須全面施作防水，
進行到貼磁磚，如果是有花色的磁磚款式，
師傅還得先在其它地面試排，思考如何裁切、收邊才會好看，
貼完磁磚還不能馬上填縫！又得等個 2~3 天才能進行，

這些都要按部就班才能避免更多麻煩產生，
否則到時候可是得連磁磚都拆掉重來呢！

防水、粉光步驟絕對不能省，大面磚貼工最花錢！

▶ 泥作費用Check!

預算比例

❶ 中古屋整修，泥作費用主要落在浴室與廚房，一間浴室約需 NT.15 ～ 30 萬元，**泥作比例約佔總工程款的 10 ～ 30%。**

❷ **特殊風格**如 loft 風、工業風也**會增加泥作預算**，甚至達到 70% 的總工程款比例。

❸ **磁磚尺寸會影響計價方式**，一般磁磚以「坪數」計價，大塊磁磚以「片數」計價，小塊磁磚如小口磚、馬賽克則是以「才」計價。

❹ 因建材的選擇日益多樣化，價格的差異性也很大，所以**大部份的泥作工資都以工料分開計價為主。**

❺ **泥作工程施作不管是材料與工資都是以「坪」為單位計價為主**，不過也有以「m²」來計算，但大部份不會以天數來算工資。

這樣做可以省

❶ 大面積磁磚如 60 公分 ×60 公分、80 公分 ×80 公分以上的**大面磚會較為昂貴**，同時還需另外加上切割與搬運的工資，所以**可選擇較小尺寸的磚會比較省。**

❷ 如果預算不夠，具備**透光特性的玻璃也可作為磚牆的替代材質**，價格、工錢都較為便宜。

❸ 如果**牆面有規劃特殊造型或使用特殊材質，砌磚牆時就要抓好尺寸，才能省工、省料。**

❹ 預算不足建議**依照現有格局做規劃**，可以省**掉拆除、砌牆、磁磚…等大筆費用。**

※ 本書價格僅供參考，實際價格以市場狀況而定。

❶ 浴室在**泥作施作前，拆除最好見底，才能從管線問題開始徹底解決**，避免日後還要拆除重來。

❷ **泥作隔間牆的施工作業，就要特別注意填縫是否確實。**不過，這一點在施工中才能看得出來，因此提醒屋主，自行發包的工程，經常監工是很重要的。

❸ **砌磚前務必要做好防水工作，尤其是地面也要做好防水措施**，因為材料本身的水及砌磚時的澆水動作，都有可能會從樓板的裂縫滲透至樓下。

❹ 在泥作工程進行中，會產生大量的廢棄磚及垃圾，尤其是浴室有較多的**排水口**，在施工過程中，若泥作師傅沒有**做好防護的工作**，極可能日後會造成阻塞。

陷阱❶ 工班報低少作。例如磁磚沒有拆到底就再鋪貼磁磚上去，日後就容易掉落，因為壓低預算卻有施工不良的後遺症，反而得不償失。

陷阱❷ 施工時才告訴屋主估價單上的磁磚都沒現貨，在工期緊迫、不能等待的情況下，只能以次級或不喜歡的花色替代。所以在**選擇磁磚時要確認貨源是否充足，並註明缺貨替代磁磚的貨號、廠牌等級等資訊。**

陷阱❸ 在施工前一定要請工班師傅看過現場，這樣估價單才會精準。避免因為坪數少估、或地不平等特殊情況，導致做到一半還得追加費用。而且在看現場的過程中，好的師傅會提供中肯的建議，像是地平不平？需不需刨掉打底？是否要上粉光？或是只要鋪木地板？這些都會影響費用。

陷阱❹ 磁磚尺寸、是否對花價格差異很大，最好將估價單上的磁磚品項獨立出來看，才能知道自己可以得到哪種等級的產品。

圖片提供 ◎ 演拓空間設計

04-1 砌磚、粉光

『要做就要一次到位，重來更燒錢！』

Dr.Home 良心話

泥作的砌磚、打底、粉光多屬於「看不見的工程」，這類基礎工程雖然很燒錢，卻是養好住家體質的關鍵，如果決定要做就得要確實、到位，未來就能大大降低漏水、龜裂問題，也能省下一大筆拆除、修繕費用！

要分兩日進行，以免牆壁變形危險

砌紅磚	多少錢？約 **NT.6,000~7,000** 元（含粉光）

什麼時候用？

四寸磚，是指 1/2B（1B = 24cm）磚，適用於室內隔間，一般來說四寸磚的隔音、防火效果佳，比輕鋼架隔間來得好。而八寸磚則是專門用於戶外牆或分戶，防水及載重的功能都較強，拆除的時候需要進行整體的結構分析。

圖片提供 © 演拓空間室內

小心施工！

1. 磚牆需要適當的濕潤，在施工前一天通常都會先行澆水淋溼，主要的目的在於隔天施工時能與水泥吃得更緊。

2. 超過四米的磚牆不宜過寬，可考慮在磚牆中間增加 H 型鋼補強結構，或是用輕隔間方式取代磚牆比較安全。

3. 砌磚牆應分兩次、隔日進行，等磚牆縫隙的水泥乾了之後再繼續，避免磚牆變形發生危險。

4. 要在新砌磚與舊有牆壁間找適當位置植入鋼筋固定，稱為壁栓。此舉能加強磚牆的穩固性，避免裂縫產生、發生倒塌危險。

想要有細緻蘋果肌絕對不能省

牆面、地坪粉光　　多少錢？約 **NT.2,500** 元 / 坪

1 拆除
2 水電
3 鋁窗
4 泥作
5 空調
6 木作
7 系統櫃
8 油漆
9 木地板
10 大理石
11 玻璃
12 鐵件＆五金
13 廚具
14 衛浴
15 燈具
16 窗簾
附錄

什麼時候用？

牆面、地坪粉光是為油漆、壁紙工程做準備；地坪若要貼塑膠地磚、或施作 EPOXY、磐多魔地板也需要先粉光，避免因為施工面凹凸而影響表面的平整度。若是要貼磁磚，則只需打底、塗上防水層即可施作，不需粉光。

小心施工！

1. 整體粉光地坪處理工作不得曝曬於烈日下，如為日正當中在室外施作時應搭建蓬架，使氣溫維持常溫。

2. 室內施作時工作進行中及完成後均應保持對流、通風、維持適當溼度以利其養護。

3. 水泥粉光地板施工完後容易有粉塵出現，也較會吸附髒東西，時間一久、龜裂的情況經常發生。建議在最上頭鋪一層環亞樹脂或者使用撥水漆，以便清理。但需注意的是環亞樹脂在施工上有難度，厚度不均時容易出現深淺色不一的情形。

4. 確定所有牆壁打底粉刷面的垂直與直角，如果沒仔細檢查，將會出現大小片或貼斜的情況。

一般住家地面都是使用磁磚或木地板居多，除非是磐多魔、EPOXY地板才需要進行粉光。

崁縫做好才能防漏水

鋁窗週邊填縫 　多少錢？約 **NT.10,000** 多元/式 (20～30 坪住家)

什麼時候用？

舊屋裝修門窗工程更新，就需要進行泥作的崁縫工程。建議在拆除時要打到結構體，避免舊有磁磚與泥作間有縫隙而發生滲水情形。

小心施工！

1. 窗框立好後要先用角料固定，並預留 2 公分左右邊縫讓泥作師傅進行崁縫工作。

2. 崁縫後外側窗框可填塞防水膠修補，並施作斜邊以便日後洩水，讓防水手續更加完善。

圖片提供╱許祥德

交由泥作師傅施作較安心

管溝水泥修補 　多少錢？約 **NT.3,500** 元/間 (視範圍、數量而定)

什麼時候用？

水電工程因出線口移位、延伸，為了管線不外露、走暗管處理，就會在泥作牆打管溝。事後水泥修補可由水電、泥作師傅商議好由誰進行；不過要是範圍過大，還是建議由泥作師傅施作填補比較保險。

小心施工！

1. 砌磚完成後，需要等 2~3 天等水泥砂漿完全乾燥後才可以開鑿管溝。

2. 進行時鑿管溝時，要向斜打而非正面直打，以免牆壁變型、傾倒。

攝影╱Patriicia

1 拆除
2 水電
3 鋁窗
4 泥作
5 空調
6 木作
7 系統櫃
8 油漆
9 木地板
10 大理石
11 玻璃
12 鐵件＆五金
13 廚具
14 衛浴
15 燈具
16 窗簾
附錄

04-❷ 防水

『防水做不好，小心漏水漏到別人家！』

Dr.Home 良心話

防水做得好不好，除了自己也會影響到鄰居，一有不慎就有吵不完的問題！所以一定要小心處理。一般來說，屋頂、陽台、浴室、花台等一定會施作防水工程，一般是用壓克力彈性水泥，如果預算夠，選用較好的防水材如水性橡化瀝青，使用期也會拉長；而室內、室外所使用的防水材也不同，記得事先確認。

整間重新施作才有效

浴室防水

多少錢？約 **NT.6,000~8,000** 元/間
（1~1.5 坪 彈性水泥刷塗一次）

約 **NT.10,000** 多元/間
（1~1.5 坪 進口壓克力防水漆＋防裂網）

💧 什麼時候用？

浴室防水建議整室重新施作，避免局部裝修只做部分防水，導致防水線交接不密合，日後漏水需要花費更多時間拆除、修補。

🔧 小心施工！

1. 浴室防水是在浴室泥作地坪打底時做好洩水坡度，並在入口做好擋水的小土牆；再於壁面與地面依序塗上防水漆即完成。

2. 浴室的防水高度傳統作法是做到 180 公分左右，建議能做到頂是最保險的，可以減少水蒸氣滲入。

3. 浴缸除了原有的落水口外，在浴缸下方最好另外作一個，避免浴缸破裂漏水，導致水積在下面排不掉。

4. 浴室移位需要改管時，會用灌漿墊高手法，要小心工班用拆除廢料回填，因內有廢棄物等碎屑顆粒，導致無法緊密壓實產生空隙，而發生滲漏水現象。

圖片提供 © 演拓空間設計

別只做表面功夫，貼磚前要完成

頂樓防水

多少錢？約 **NT.10,000~15,000** 元／坪

約 **NT.7,000~8,000** 元／式 (2~3 坪陽台地面)

✌ 什麼時候用？

陽台、頂樓是下雨時的第一道防線，為了避免雨水滲漏進而影響住家，所以防水一定要做好。值得注意的是，不建議將防水塗料塗在磁磚表面，因容易隨著走動磨擦或是氣候因素而較快失去防水功效，還是先作好防水、再貼磚比較保險。

✎ 小心施工！

1. 塗刷防水漆前要先將地面沙粒、碎石清理乾淨，防水塗料才能確實與地壁密合，達到填補、防水的功能。

2. 管線的接頭處要使用不同的刷具，作加強處理。

3. 防水漆一定要是油性防水漆，地壁使用一樣的漆，這樣防水材質上才能完美銜接。

4. 種花花台因植栽覆土需要澆水，所以容易發生滲漏的情況。建議先將原有覆土清理乾淨再進行防水工程；做好防水後利用花架或花盆方式取代，這樣就能有效降低漏水機率。

5. 屋頂或戶外陽台的女兒牆也記得要打掉磁磚或油漆塗層，進行 30 公分左右高度的防水施作。

圖片提供 © 力口建築

中古屋的頂樓防水切記一定要重新施作，轉角處也應加強防裂網，避免地震搖晃影響破壞防水效果。

攝影 © 沈仲達

1	拆除
2	水電
3	鋁窗
4	**泥作**
5	空調
6	木作
7	系統櫃
8	油漆
9	木地板
10	大理石
11	玻璃
12	鐵件&五金
13	廚具
14	衛浴
15	燈具
16	窗簾
	附錄

04-❸ 貼磚

『磁磚越大貼工越貴，地磚能防滑最重要』

Dr.Home 良心話

地磚要以好清潔、防滑耐磨為挑選原則；壁磚則以美觀色彩、附著力佳為主。如果預算不夠的話，選擇正常尺寸的磁磚會比較省錢，而且貨源充足、選擇性多；面積 60 公分 ×60 公分以上的磚就算是大面積磁磚，磁磚本身價格就較昂貴，還得多負擔裁切、搬運、鋪貼耗時等費用。

平不平很重要，鋪貼前要先檢查

地磚	多少錢？馬賽克約 **NT.3,600~11,000** 元／坪

石英磚約 **NT.1,700~3,500** 元／坪
60*60 拋光約 **NT.2,500~5,000** 元／坪
80*80 拋光約 **NT.3,200~6,000** 元／坪

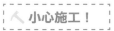 **什麼時候用？**

地磚需具備耐磨、防滑以及載重功能，所以不可使用壁磚替代。拼貼作業中，對縫及縫隙大小是能影響美觀的重要工作，好的師傅在拼貼作業開始前，都會先確認屋主對隙縫大小的要求，以免日後爭議發生。

圖片提供／演拓空間設計

小心施工！

1. 地磚在施作前，最好請有經驗的師傅先確認，購買的地磚是否平整。否則容易發生在施工後，發現地面有不平整的問題，卻因無法釐清是材料問題或是施工問題，容易產生紛爭，而難以界定責任範圍。

2 磁磚貼好後需等 2-3 天，待磁磚完全固定後再進行填縫，最後利用海綿沾水清洗填縫處與磚面，注意清水要常換，不然泥水乾涸後將難以擦拭。

3. 若要設計特殊花樣或大塊磁磚時，要事先做好磁磚規劃，避免形狀跑掉或越貼越歪；並將排好的花磚編號，方便泥作師傅拼貼時不會搞錯。

算好塊數與溝縫距離，避免半塊磚收尾

壁磚	多少錢？**馬賽克**約 **NT.3,600~11,000** 元／坪

石英磚 約 **NT.1,700~3,500** 元／坪
60*60 拋光 約 **NT.2,500~5,000** 元／坪
80*80 拋光 約 **NT.3,200~6,000** 元／坪

什麼時候用？

磁磚的美觀與否在於垂直、水平、縫隙是否一致，這些雖然和師傅的貼工息息相關，但牆面的垂直度也非常重要，如果打底不平，貼工再好也難掩瑕疵。

小心施工！

1. 貼壁磚時最好牆面與磁磚都要抹上易膠泥或海菜泥，這樣接合處才會緊密無空隙，如果有空心，日後容易有龜裂情況發生。

2. 貼壁磚時，會依照磁磚大小決定水平線高度，然後由水平線為起點，往上貼或下貼，往上貼的方式可藉由木作天花收掉，減少半塊磚外露的問題。

3. 為了維持壁磚縫隙大小相同，師傅會使用專用定位的塑膠片，貼起來才不會歪七扭八。

導角要預估損料費用

磁磚加工導角	多少錢？約 **視石材廠報價**

舉例：60 公分 ×120 公分磁磚一塊約 NT.1,000 元，進行 3 ～ 4 刀裁切，費用為 NT.2,000 元左右

什麼時候用？

磁磚轉角的收邊，可加工磨成 45 度內角，才不會過於銳利，造成運送碰撞時傷人，也較為美觀。轉角或異材質交接處也可選用不鏽鋼、塑膠收邊條處理。

小心施工！

1. 磁磚、石材如果需要裁切、磨邊導角，需要另外送加工廠處理，磁磚行通常也可以代送。

2. 加工費用多用一刀或 1 公分計價，所以設計師會加總總合以「一式」報價。

3. 導角時容易發生磁磚破裂情況，所以要預估損料的費用。

1 拆除
2 水電
3 鋁窗
4 泥作
5 空調
6 木作
7 系統櫃
8 油漆
9 木地板
10 大理石
11 玻璃
12 鐵件&五金
13 廚具
14 衛浴
15 燈具
16 窗簾
附錄

04-4 門檻

『有水的地方就要做門檻,喜歡大理石就挑深色更耐髒!』

Dr.Home
良心話

門檻的主要功能是讓水回流、不外滲、阻隔灰塵,以及界定空間等。所以除了大門外,與水相關的廚房、浴室、淋浴間、後陽台等地方建議都要施作。

阻水 V.S. 絆腳,2~3 公分高度最剛好

人造石門檻

多少錢?約 **NT.1,200~1,300** 元/支(現品)

攝影 ©Patricia

什麼時候用?

人造石品質穩定、價格較低,但視感比較呆板;多為ㄇ字型,下方需填入水泥砂強化強度,最後與下方地坪連結。

小心施工!

1. 門檻應在貼磚前先安裝。

2. 門檻高度約 2~3 公分最佳,過高走路容易踢到,過低則失去阻水作用。

導角會讓價格倍增

大理石門檻

多少錢?約 **NT.1,300~1,500** 元/支(訂做)

圖片提供 ©演拓空間設計

什麼時候用?

大門門檻可善用石材硬度高特性,採用深色的大理石或花崗岩材質,兼具耐髒效果。需注意的是,如果大理石門檻需導角處理,價格就會提高許多,可能從原本的 NT.1,000 多元增加到 NT.3,000 ~ 5,000 元。

小心施工!

1. 大門門檻建議加寬尺寸,可避免因搬重物碰撞、踩踏頻繁而破裂。

2. 浴室門檻要在防水工程後裝設,記得門框最好要「站」在門檻上,避免日後常常碰水而發霉腐壞。

04-⑤ 石子鋪面

『適合喜歡自然粗獷的風格使用』

Dr.Home 良心話

是將石子、人造石、玻璃珠混入水泥砂漿後，抹於粗胚牆面打壓均勻，其厚度約 0.5 公分～1 公分，多用於壁面、地面，甚至外牆，依照不同石頭種類與大小色澤變化，展現居家的粗獷石材感。最後再用抹的方法塗覆上去，最後使用海綿或水沖處理，形成粗獷或細緻的表面呈現。

建築外牆最常見

洗石子　　多少錢？約 **NT.2,500~4,000** 元 / 坪

🐰 什麼時候用？

洗石子是石子水泥砂完成後，表面處理用水沖，因為力道較大，所以剩下附著的石子表面會大小不一，呈現較粗獷視感，摸起來也會較為粗糙，大概可以想像成青春痘的程度。

🔨 小心施工！

1. 水沖階段會有泥水四溢的情況，多用在建築外牆、戶外庭園。

2. 外層可塗上一層薄薄的奈米防黴塗料，或者透明的 EPOXY，可增加石子的附著力、避免染色脫落，有住於日後維護，表面也會更有光澤。

圖片：Sam+Yvonne

赤腳限定的止滑建材

抿石子 | 多少錢？約 **NT.3,000~4,500** 元／坪

1 拆除
2 水電
3 鋁窗
4 泥作
5 空調
6 木作
7 系統櫃
8 油漆
9 木地板
10 大理石
11 玻璃
12 鐵件＆五金
13 廚具
14 衛浴
15 燈具
16 窗簾
附錄

什麼時候用？

抿石子是用海綿抹的，帶走的表面泥砂較少、顆粒較密集，視覺與觸感也比較細膩，大概就像臉上粉刺一樣的程度。

小心施工！

1. 室內以抿石子使用較多，大部分使用於浴室、玄關等處，也可利用抿石子砌成浴缸，營造出湯屋的休閒感。

2. 清潔上較不易，但在赤腳使用時會有較好的止滑功能。

3. 除了顆粒大小，石頭的種類也可以另行選擇，無論是深色黑膽石，或淺色海貝石，可空間屬性而進行選擇。

攝影－余佳芳 產品提供◎ 弘家企業

種類有哪些？

1. 天然石。多為東南亞進口的碎石製作，僅有宜蘭石是台灣自產。如果鋪設面積小，可購買不同色彩和大小的天然石，大面積使用建議購買調配好的材料包，以免不同批施作產生色差。

2. 琉璃。是玻璃燒製的環保建材，台灣製作的廠商少，然而中國進口的品質較不穩定。

3. 寶石。如白水晶、瑪瑙、紫水晶、珍珠貝等製作，折光性和透光性較琉璃高，多進口東南亞，單價也最高。

玄關地面運用抿石子區隔室內外，並拉出弧形線條增加活潑性。

圖片提供◎ 璞觀設計

**Dr.Home
小提醒**

做完了！看這裡

1 水泥砌磚時要注意磚與磚之間排列是否整齊，磚需以交丁方式堆疊，縫隙不可位於同一位置。
2 確認水管出管與門窗銜接等細節，是否有確實塗刷防水漆，以及防水層數與事先約定的相同，足以達到防水效果。
3 要確認粉光後牆面是否平滑，可用燈側光照射看是否平整無波浪。
4 注意粉光乾的程度要夠，才能繼續之後的工程，否則日後可能會有龜裂問題。

監工要注意

1 泥作工程易受潮之材料應儲存於室內、離樓地板及牆面至少10公分，且通風良好之場所，並指定適當之人員管理。
2 若輕隔間及磚造牆壁間出現裂痕，有時並非施工不良所造成，而是物理上「熱漲冷縮」的結果，尤其是異質材料交接處最容易發生。處理方式就是用「補土」修護，更進階的方式則是再加樹脂增加補土的韌性。
3 打底時要按照「先牆後地」的施工順序，先將牆面掉下來的水泥灰塵清理乾淨，再進行地坪打底，是比較合理省時的做法。
4 在等待磁磚乾燥的期間要控制人員進出；入內時要記得脫鞋以避免灰塵掉落縫隙中。
5 磁磚嚴禁堆放在樓下，貨到時應送進工地以免造成公共通道堵塞或遺失、毀損。
6 泥作師傅大部分提供一年的保固期，所以在發包前最好跟工班師傅確認，才有保障。
7 不同材質的磁磚拼貼，因為厚度不同，則更是容易從表面是否平整來判斷師傅對施工的細節是否注重。
8 防水塗料種類繁多，有透明的也有彩色的，有耐磨型也有滲透型，價格上當然會有差異。記得選擇有認證測試報告與保證書的可靠廠商，才不會影響日後使用品質。

泥作工程費用一覽表

項目	價格	附註
1/2B(4 寸) 紅磚	NT.6,000 ～ 7,000 元	含粉光
牆面、地坪粉光	NT.2,500 元 / 坪	
鋁窗週邊填縫	NT.10,000 多 / 式	20 ～ 30 坪住家
管溝水泥修補	NT.3,500 元 / 間	
浴室防水	NT.6,000 ～ 8,000 元 / 間 （1 ～ 1.5 坪 彈性水泥刷塗一次） NT.10,000 多元 / 間 (1 ～ 1.5 坪 進口壓克力防水漆 + 防裂網)	步驟要確實
頂樓防水	NT.10,000 ～ 15,000 元 / 坪 (毯 +epoxy) NT.7,000 ～ 8,000 元/式(2-3坪陽台地面)	
地磚	馬賽克：NT.3,600 ～ 11,000 元 / 坪 石英磚：NT.1,700 ～ 3,500 元 / 坪 60*60 拋光：NT.2,500 ～ 5,000 元 / 坪 80*80 拋光：NT.3,200 ～ 6,000 元 / 坪	尺寸越大越貴
壁磚	馬賽克：NT.3,600 ～ 11,000 元 / 坪 石英磚：NT.1,700 ～ 3,500 元 / 坪 60*60 拋光：NT.2,500 ～ 5,000 元 / 坪 80*80 拋光：NT.3,200 ～ 6,000 元 / 坪	
磁磚加工導角	視石材廠報價 例：60 公分 ×120 公分 磁磚一塊約 NT.1,000 元 進行 3 ～ 4 刀裁切，費用為 NT.2,000 多元	
人造石門檻	NT.1,200 ～ 1,300 元 / 支 (現品)	
大理石門檻	NT.1,300 ～ 1,500 元 / 支 (訂做)	
抿石子	NT.3,000 ～ 4,500 元 / 坪	
洗石子	NT.2,500 ～ 4,000 元 / 坪	

1 拆除
2 水電
3 鋁窗
4 泥作
5 空調
6 木作
7 系統櫃
8 油漆
9 木地板
10 大理石
11 玻璃
12 鐵件 & 五金
13 廚具
14 衛浴
15 燈具
16 窗簾
附錄

冷氣的品牌眾多，
同樣噸數的價差甚至可以差一倍，
平價冷氣就不好嗎？其實也不見得，
但是，名牌冷氣的服務據點多、
維修和保養也比較快

選冷氣就看自己的預算，只是住個幾年，
不妨選擇二、三線品牌的冷氣，
而相較於品牌，冷氣的安裝品質更重要！

裝得不好可能一點也不涼，甚至沒幾年就壞，
裝潢之前，也要考慮冷氣安裝的位置，
離室外機越近越好，可以縮短冷媒管線的長度，
又可以增加冷媒效率，以及減少隱藏管線的木作面積，

壁掛式冷氣則是應該順著房子較長的方向吹，
才會冷得均勻有效率！

一級品牌費用高，吊隱式空調多在安裝費用

▶ 空調費用 Check!

千萬不能省

❶ 如果選用**分離式空調，室外機銅管**的部分**建議規劃管槽**，避免銅管風吹雨淋降低壽命。

❷ 分離式空調的**室外機**若裝置在大樓外牆，需**要有不鏽鋼鐵欄**，未來可增加維修的方便性。

❸ **吊隱式空調**最好**預留**大一點的**檢修孔**，未來方便維修和保養。

❹ **冷氣噸數**的決定簡易算法是一般抓 2200BTU/ 坪，如果是西曬或頂加建議要到 2500BTU/ 坪，但建議還是**交由專業的空調廠商依照現場狀況來判斷**會最準確。

這樣做最省錢

❶ **選購第三品牌**，但要注意的是可能面臨非變頻或是噪音過大的問題。

❷ 儘量使用**壁掛空調**，除了**可省去出風管、線形出風口、迴風口、集風箱配件的費用**，吊隱式空調安裝一台室內機還會增加約 NT.5,000 元的費用。

預算比例

① 空調的第一品牌和第三**品牌的價差大**，因此一般空調工程會特別獨立在裝潢預算之外，避免壓縮到其它工程費用。

② **有些建商針對新成屋會贈送室外機**，屋主只要購買室內機即可，在價錢上會比中古屋有更好的空間，但也由於空調廠商在建商大量購買室外機時已給了很好的折扣，因此在購買室內機時，會有限定機種的情況產生。

費用陷阱

陷阱① 估價單上必須**標示清楚使用的型號**，避免實際只有兩噸半但卻說有三噸。

陷阱② **冷媒銅管品牌**也有好壞差異，目前較**知名的有大金、住友**，而**電源線**則是有**太平洋**和**華新麗華最為常見**，估價單也需詳細列出。

陷阱③ 很多賣場所說的含安裝費用，通常是指標準安裝而定，**一般標準安裝銅管長度為 5 米，而且無法配合設計師多次施工**，另外，安裝是否有含排水管、保溫軟管、銅管等材料費用，應該一併問清楚，特價品也最好再次確認安裝工資，否則很容易發生事後追加的狀況。

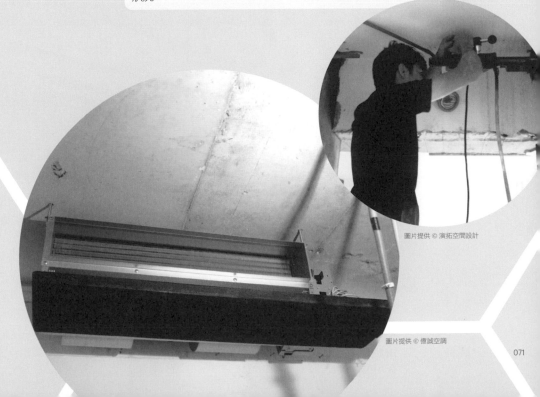

圖片提供 © 演拓空間設計

圖片提供 © 億誠空調

05-1 空調設備

Dr.Home 良心話

空調可分為吊隱式與壁掛式，吊隱式可以利用比較多的出風口達到冷房效果，可是工程較為複雜，而壁掛式可以直接安裝在牆面上，相對是簡單的，假如以相同適用坪數來看，吊隱式約略比壁掛式貴幾百元～NT.2,700 元左右，實際上價差不會太大。以品牌來看，大金和日立一般機種價差會在 NT.5,000 ～ 6,000 元上下，大金與第三品牌的價差更會高達 NT.10,000 元左右。

安裝費用低也好維修！

壁掛式空調

多少錢？約 **NT.27,000** 元起跳（3-4 坪，視品牌而定）

什麼時候用？

如果不希望天花板作封板，以及預算有限的情況下，可選擇配置壁掛式空調，而且又能自行進行簡單的清潔工作，例如清洗濾網、擦拭外殼。

圖片提供◎演拓空間設計

小心施工！

1. 壁掛式排水孔銜接處建議應以矽利康作接合，避免長期使用因造成鬆動，導致排水倒流。

2. 壁掛式空調通常會以木作包覆遮掩，建議至少要預留 40 公分深、6 公分高的空間，有助於冷氣對流，如果空間太過密合，也會影響空調效能。

3. 壁掛式空調若選擇裝設在樑下，最好避免太貼近樑，否則冷氣迴風角度太小，反而讓冷房效果變差。

主機、風管隱藏在天花板內更美觀！

吊隱式空調

多少錢？約 **NT.27,000** 元起跳（4～6坪，視品牌而定）

✌ 特色是什麼？

吊隱式空調可以將機體隱藏在天花板內，看起來整齊美觀，所以通常會建議在公共空間配置吊隱式空調，讓空間視覺達到一致性。

圖片提供 © 演拓空間設計

🔨 小心施工！

1. 吊隱式空調記得要預留檢修孔，檢修孔位置建議鄰近機體，開口大小也要能讓雙手方便操作，萬一日後要維修或是拆卸滴水盤清潔也比較方便。

2. 吊隱式空調的進出回風位置要注意，由於風口是線形設計，因此出風口和迴風口的常見配置位置為側出要平行下回或平行側回、下出則在對面下回。

3. 出風口、迴風口的位置不建議設計在櫃體上方，以免影響出風及回風，降低冷房能力。

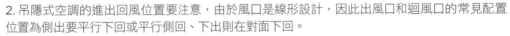

吊隱式空調的好處是可以將主機設備隱藏在天花板內，視覺上更美觀，不過記得要預留檢修孔，日後維修保養比較方便。

圖片提供 © 演拓空間設計

1 拆除
2 水電
3 鋁窗
4 泥作
5 空調
6 木作
7 系統櫃
8 油漆
9 木地板
10 大理石
11 玻璃
12 鐵件&五金
13 廚具
14 衛浴
15 燈具
16 窗簾
附錄

05-2 安裝配件費用

『吊隱式安裝比壁掛式多 NT.6,000 元
～ 10,000 元』

Dr.Home 良心話

空調工程估價單上的安裝配件費用，包含許多專業用詞，包括冷媒管、集風箱、電源配置線等，特別像是電源線、控制線，因為難以用單位計算，因此會以「一式」標示，但其它像是集風箱、安裝架、線形出風口皆可以數量統計費用。

鍍鋅材質便宜又耐用

安裝架	多少錢？約 **NT.1,200** 元（鍍鋅）
	NT.3,000 元（不鏽鋼）

⏰ 什麼時候用？

為固定室外機安裝時放置的架子，安裝架的材質有分鍍鋅、不鏽鋼，目前住宅普遍使用鍍鋅材質，大約可使用 5 ～ 10 年左右，不鏽鋼材質最為耐用，但幾乎比鍍鋅貴一倍，如果是溫泉、海邊住宅擔心生鏽問題，就建議選用不鏽鋼材質。

🔨 小心施工！

1. 安裝架應完全貼平在牆上，沒有任何空隙，如果沒有完全貼平的話，運轉時容易產生噪音。

2. 室外機安裝並不建議裝設在鐵皮結構上，容易因為共振的關係產生噪音。

3. 室外機安裝避免裝設在懸空的外牆上，避免日後維修人員沒有足夠的空間能進行維修。

圖片提供 ◎ 演拓空間室內設計

選擇保溫效果好的最重要

集風箱

多少錢？約 **NT.7,000** 元／個（根據尺寸不同而異）

什麼時候用？

為吊隱式空調安裝的配件之一，最大的功能就是把室內機送出來的冷氣集中起來，冷氣再經由保溫風管傳送到出口集風箱。材質通常是 PIR 隔熱保溫板，重量輕，氣密性佳，保溫效果佳。

小心施工！

四方形導風罩可以調整方向，可調整至需要的方向，再利用螺絲加以固定，但要注意室外機的銅管位置千萬不能被螺絲鎖到。

圖片提供©漢拓空間設計

與集風箱銜接，確保冷暖效能不流失

保溫軟管

多少錢？約 **NT.140** 元／米

什麼時候用？

也是吊隱式空調安裝的配件之一，會與集風箱做銜接。

小心施工！

1. 一般保溫軟管跟集風箱的接合處會以透明膠帶固定。

2. 保溫軟管有二層，內層是鐵絲環架鋁箔覆層要先用透明膠帶黏貼，然後再將中間的保溫棉覆層拉緊到集風箱的出風處，外層一樣再用透明膠帶黏貼。

商品提供©慎修空調

1 拆除
2 水電
3 鋁窗
4 泥作
5 空調
6 木作
7 系統櫃
8 油漆
9 木地板
10 大理石
11 玻璃
12 鐵件＆五金
13 廚具
14 衛浴
15 燈具
16 窗簾
附錄

ABS 材質好安裝也好清潔！

出／迴風口

多少錢？約 **NT.600~1,200** 元／個

什麼時候用？

吊隱式空調的冷暖氣流出風處，有多種造型可選擇，一般常見的是線形，也有搭配裝潢使用的圓形、方形設計。

圖片提供 © 演拓空間設計

小心施工！

1. 注意所要安裝的出風口，是否需搭配裝潢選擇不同造型。

2. 一般簡單型只需放置在輕隔間天花板上。

哪種材質好？

1. ABS 材質重量輕好安裝，以後清潔上也比較方便。

2. 鋁製材質使用久了會和出風量共震，產生異聲，而且會和冰箱表面一樣冒汗，當出風口的冷空氣吹出來時，接觸到外面的熱空氣，易有結露的情形產生。

如何規劃好？

吊隱式空調的出風口，最好是直吹，因為設備到出風口的距離越短，效能最佳，如果是下吹，因為轉折的關係，效能相對會打折。

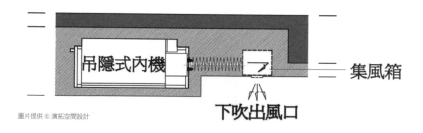

圖片提供 © 演拓空間設計

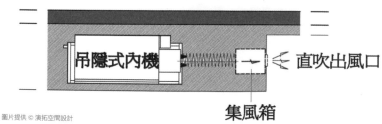

圖片提供 © 演拓空間設計

棟距太近最好加裝！

導風罩

多少錢？約 **NT.1,500~3,000** 元不等 / 個（不含工資）

🔥 什麼時候用？

高樓層散熱風口加裝導風罩，可以避免外氣直接吹向風扇，產生逆風，又或者是因為棟距太近，擔心熱氣會影響鄰居，這時候也可以加裝導風罩。

⚒ 小心施工！

四方形導風罩可以調整方向，可調整至需要的方向，再利用螺絲加以固定，但要注意室外機的銅管位置千萬不能被螺絲鎖到。

攝影◎Patricia

壁掛、吊隱式空調都一定要裝！

排水管

多少錢？約 **NT.1,500** 元 / 組（不含工資）

🔥 什麼時候用？

凡壁掛式或吊隱式空調皆需裝設排水管，因為冷煤和空氣進行熱交換的時候，空氣中的水分在蒸發器或冰水盤管的表面會不斷凝結成許多水珠，所以需要透過排水管將水分排出設備外，避免累積留在設備內，最後可能會導致室內機漏水。

⚒ 小心施工！

1. 排水管應該離天花板約 40 公分左右，增加排水效率。

2. 排水管的平面與立管配管連接要使用斜 T 三通與 45 度彎頭零件施工，而且在排水立管的最頂端要加裝排氣鵝頸，以利排氣及防止異物進入排水管。

圖片提供◎億families

1 拆除
2 水電
3 鋁窗
4 泥作
5 空調
6 木作
7 系統櫃
8 油漆
9 木地板
10 大理石
11 玻璃
12 鐵件＆五金
13 廚具
14 衛浴
15 燈具
16 窗簾
附錄

配管時要注意乾燥及清潔

銅管	多少錢？約 **NT.300** 元／米（依不同規格會有價格落差）

什麼時候用？

銅管通常用在分離式冷氣，用來輸送冷媒，外覆泡棉作保護，屬於保溫材質，通常是白色，簡單來説是保護銅管和保溫功能，可以確保冷氣效能正常，以及避免銅管因為結露而滴水。

小心施工！

1. 安裝分離式冷氣之前，會先進行配管動作，如果施作不良，對冷氣的損害很大，所以配管的時候要注意保持乾燥、氣密以及清潔，因為現在的環保 R410A 系統對灰塵、濕氣甚為敏感，配管過程當中，銅管要做好保護，以膠帶、覆膜或是加蓋的方式來避免，安裝完畢之後也要確認銅管有沒有排列整齊，保溫材有沒有被破壞。

2. 銅管標準安裝長度是 5 米，如果超過 5 米建議要填充冷媒，避免減弱冷氣效能。

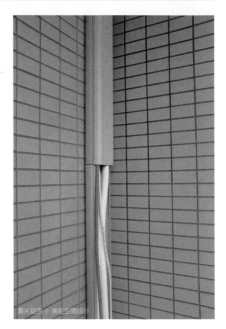

圖片提供 © 演拓空間設計

Dr.Home 小提醒

做完了！看這裡

1 安裝之前記得先檢查室內外機的型號和估價單所示是否正確。
2 工程中應看裸露在天花板上面的排水管是否有包覆保溫。
3 室外機通常會在最後完工階段才安裝，試機最少要有 8 個小時，檢查是否有結露、噪音或冷房效果差的情形。

監工要注意

1 空調排水管不可以和浴室汙水管接在一起，避免沼氣對機器的銅管造成氧化現象。
2 空調廠商應與設計師共同討論室內外機的位置與銅管的動線，避免忽略未來維修的方便性。
3 不論是壁掛式空調或是吊隱式空調，排水皆需施作包覆保溫。

空調工程費用一覽表

項目	計價方式		附註
壁掛式空調	NT.27,000 元起跳 （3～4 坪，視品牌而定）	安裝費用便宜	
吊隱式空調	NT.27,000 元起跳 （4～6 坪，視品牌而定）		
安裝架	NT.1,200 元（鍍鋅） NT.3,000 元（不鏽鋼）	鍍鋅材質就夠用	
集風箱	NT.7,000 元／個		
保溫軟管	NT.140 元／米		
導風罩	NT.1,500～3,000 元不等／個	棟距近要安裝	不含工資
出／迴風口	NT.600～1,200 元／個	ABS 材質好清潔	
排水管	NT.1,500 元／組		不含工資
銅管	約 NT.300 元／米	太薄會漏冷媒	

※ 空調工程主要為設備的費用，較無南北價差差異。

1 拆除
2 水電
3 鋁窗
4 泥作
5 空調
6 木作
7 系統櫃
8 油漆
9 木地板
10 大理石
11 玻璃
12 鐵件＆五金
13 廚具
14 衛浴
15 燈具
16 窗簾
附錄

雖然木作工程時間長，
後續還要上漆或貼皮，
但如果是特殊空間，
例如畸零角落、樓中樓、夾層
還是得透過「木作」訂製才更合身好用！

木作貴在人工，越複雜精細的工資越貴，
如果避開曲線、特殊設計的話，
單純的櫃體其實沒有很貴，
另外，木作櫃有很大部分的預算是在表面處理，
如果選擇波麗板，就可以少掉一筆費用，

如果有使用貼皮的話，木作的貼皮也得仔細選擇，
有水的地方建議選用美耐板貼皮，
不怕磨也不怕水，不過記得美耐板與美耐板相接的時候，
要預留 1.5mm 左右的伸縮縫，才不會發生擠壓翹起，

貼皮的步驟也得謹慎，
裁切→貼皮→修邊→打磨，上膠的位置一定要確實塗抹，
推膠還要均勻，膠呈現半乾狀態才能黏貼，
這些都做到位就能避免日後出現掀角的狀況！

詳列尺寸材質；
減少特殊造型；
避免增加預算

陷阱❶單位、尺寸絕對不會估不出來，**一定要求寫清楚，不能總以「一式」帶過。**等成品出來後，才能以成品對照驗收，保障權益。

陷阱❷施工品質無法事先估價，多看實際案例才有保障。例如間接照明的層板處，燈具下方可用矽酸鈣板鋪平，看起來整齊、日後好清；當然也有燈具直接放在角材上、線路雜亂無章的作法，其實工程時間差距不大，是看設計師是否要求而已。

陷阱❸了解建材，才能真的估便宜。例如天花使用氧化鎂板會比矽酸鈣板便宜 1／3 價格，但是氧化鎂板易裂，易吸附濕氣讓油漆變黃、板材變形，嚴重的話甚至日後天花板會掉下來，影響生活品質與安全。

陷阱❹估價單上最好能附註詳細的材料名稱與品牌，尤其是收納櫃體還需有各式五金配件，所以寫得越詳細日後驗收才能一一核對，保障自己權益。

▶ **木作費用Check!**

千萬
不能省

❶ **推拉門**要視重量選擇**輕、中、重型五金**，避免變形掉落危險。

❷ 盡量**選擇不含石棉、低甲醛的建材**，避免長期使用危害身體健康。

這些不做也沒關係

1. 單純作**收納用途的櫃體**，或是成長中的小朋友**可使用系統傢具，減少木作預算。**

2. **特殊造型的木作設計**，施作麻煩耗時非常花錢，如果**預算不夠可以直接跳過！**

3. 如果**預算不多**，櫃體、桌椅都可以**用現成傢具搭配少量木工**替代。

預算比例

1. **木作工程**通常**佔裝潢預算約 30 ～ 40%**，甚至更高，若利用**木作、系統傢具穿插**搭配，可以有效**降低木作預算。**

2. 木工訂製建議著重**機能變化多、特殊造型**，或是彌補系統板材無法作到的效果，達到追求質感、畫龍點睛的整體設計感。

3. 現場訂製的木工費用中，**約四成為材料費用**，其餘**六成皆為工資。**

4. 木工師傅現在每日工資約為 NT.3,000 元／天，每天能做的工作量有限，一旦**木作比例高、拉長天數或增加師傅人數，費用也會跟著大幅提升。**

5. **施作環境的難度提升，費用也會間接轉嫁到木作成本上。**舉例來說，單平面只有 10 ～ 20 坪的獨棟別墅，施工空間侷促更不好施作，各式工具還得搬上搬下，難度與時間成本都提高了，所以有經驗的木工工頭會在木作費用上多估一些。

6. 如果**單一種材料使用數量較多，可以降低運送成本**，整體費用也會下降；但若是使用多種不同類型的材料，運送成本上升，費用當然也會提高了！

圖片提供 © 演拓空間設計

06-① 天花板

『不含石棉，合乎耐燃最重要』

Dr.Home 良心話

天花板具備遮蔽建築的上方結構、各式消防管線、空調設備等作用，還可以調整樑柱露出的比例，平衡視覺、達到修飾的功能。記得要使用不含石棉，合乎耐燃標準的材質，在顧好荷包之餘也能兼顧住家安全。

雜亂管線不外露！

平頂天花	多少錢？約 **NT.3,000~3,500** 元/坪

🖐 什麼時候用？

平頂天花是最常見的天花設計，解決泥作結構、管線外露問題，更便利於日後的清潔。但如果住家需要嵌燈作照明規劃，由於燈具有 10 ～ 15 公分厚度，也需要天花施作加以輔助。

🔨 小心施工！

1. 注意不要有裂縫！矽酸鈣板斜角交接處會以角材膠合，並在倒 V 字楔口補上 AB 膠、批土、磨平，以防止天花材不會出現裂縫。

2. 矽酸鈣板雖具有防潮功能，但仍不適合用於水氣過多的地方，如浴室及廚房等處。

💰 價格解析 PLUS+

做好平頂天花後，室內照明種類及燈光規劃可以更加多元；需注意的是在天花板挖燈具孔需要另外計價，開孔費用大約 NT.100 元/個。

圖片提供◎演拓空間設計

搭配間接照明才能發揮效果

立體天花

多少錢？約 **NT.3,500~5,500** 元/坪

圖片提供 © 演拓空間設計

🐰 什麼時候用？

這邊的價格指的是「立體間接照明天花」，通常是由一字型、L型、口字型所組成。若是特殊造型風格天花，除了設計費用外，木工師傅需要更長的現場施作時間與特殊材料導致成本提升，價格當然也會更高。

🔨 小心施工！

1. 需注意整圈的口字型間接燈光較適用於挑高住家，一般 2 米左右家庭會過亮！

2. 間接照明會在側邊有 7 ～ 9 公分的檔板，避免人從下往上看時直視燈管線路。

3. 天花板的兩塊板材交接處可利用「鳥嘴施工」，轉角預留一個不明顯的小楔口，可避免因外角、轉角接合、或異材質結合時間久了產生裂縫。

📋 天花板材質 VS 價位比較

材質	價位	優點	缺點
矽酸鈣板	NT.3,000 ～ 3,500 元/坪	**防火、耐燃、好施工**	會伸縮，久了易有裂縫；需注意是含石綿。
美耐板	NT.1,000 ～ 6,000 元/張 一張美耐板尺寸：120 公分×240 公分	**毋須再上漆、好整理、防霉、防潮**	成本較高。利用強力膠黏貼怕熱，若在烤箱旁會有脫皮、水泡風險。
礦纖天花板	NT.800 ～ 1,200 元/坪	**施工快、成本低**	易受潮、變形、不耐用
PVC	NT.2,000 元/坪（南亞塑膠）	**防水、不易發霉**	有楔口會形成溝縫、比較不美觀

1 拆除
2 水電
3 鋁窗
4 泥作
5 空調
6 木作
7 系統櫃
8 油漆
9 木地板
10 大理石
11 玻璃
12 鐵件＆五金
13 廚具
14 衛浴
15 燈具
16 窗簾
附錄

最適合用在廚房、浴室

流明天花

多少錢？約 **NT.3,000~4,000** 元/坪

✂ 什麼時候用？

流明天花板是將燈管間接透過 PS 板、壓克力板照明，避免眼睛直視光源，達到均勻明亮的面光效果。通常規劃於衛浴、廚房、走道等格外需要照明的空間。

🔨 小心施工！

1.PS 板、壓克力板在日後都可以掀開檢修，尤其衛浴天花可與照明結合，以後漏水方便查驗，更換燈管也相當便利。

2. 流明天花板若是用霧白色壓克力，超過 20 公分以上光源就不明顯了，可加反光板，或是將木作角料降低，背後需要全部漆白增加反光度。

圖片提供 © 演拓空間設計

💰 價格解析 PLUS+

流明天花使用的透光板材材質、種類，包括 PS 板、壓克力板、燈膜不同都會影響價格高低。

左右要超過 10 公分才不會走光！

窗簾盒

多少錢？約 **NT.350~500** 元/尺

✂ 什麼時候用？

漂亮的窗簾是幫住家化龍點睛的重要裝飾，窗簾盒則是把軌道零件等五金藏起來的關鍵細節，讓整體呈現更加完美！記得窗簾盒左右側要超過窗框各約 10 公分，覆蓋到水泥牆的部分，確保窗簾裝好後不走光。

🔨 小心施工！

1. 如果等到硬體工程完工後才決定窗簾型式，到時可就來不及囉！關鍵就在「窗簾盒該留多厚？」一般會預留 15 ～ 20 公分，但若想要雙層窗簾、甚至是雙層蛇型簾的設計，就要提前請師傅預留 30 公分厚度。

2. 窗簾盒的深度是從「水泥牆面」開始計算，並非從窗戶或窗框開始計算！

06-② 出風口、維修口

Dr.Home 良心話

『維修口、出風口位置千萬要留對！』

看估價單時，要特別詢問是否包含出風口、迴風口、維修口。若天花板每坪計價看似低於其他廠商，但出風口、迴風口、維修口卻另外計價，那就要以整體價格通盤考量才準確！

1 拆除
2 水電
3 鋁窗
4 泥作
5 空調
6 木作
7 系統櫃
8 油漆
9 木地板
10 大理石
11 玻璃
12 鐵件＆五金
13 廚具
14 衛浴
15 燈具
16 窗簾 附錄

設計不良會降低冷、暖房效率

出風口／迴風口

多少錢？約 **NT.400~600** 元/個
（通常包含在天花費用中不另外收費）

圖片提供 © 演拓空間設計

什麼時候用？

出、迴風口會遷就於室內條件而有不同的配置，重點除了不要有障礙物擋住外，也別讓冷、暖氣一吹出來就被吸走，降低冷、暖房效率，讓你會誤以為家裡冷氣機壞了！

小心施工！

1. 在設計空調出風口時，特別要注意當側出側回時，出風口和迴風口不能設計太近，防止冷氣一吹出來就被吸走、形成短循環，導致冷房效率降低。
2. 採取下出下迴時要小心，冷氣出風口及迴風口不建議設計在櫃體上方，以免影響出風及迴風。
3. 暖氣只要出、迴風口位置設計得當，暖房效率會比直吹更高。

留錯位置就無法檢修了！

維修口

多少錢？約 **NT.400~600** 元/個
（通常包含在天花費用中不另外收費）

什麼時候用？

家中有三種維修口強烈建議一定要裝：空調、投影機、倒吊管，開口大小要足以讓維修人員方便工作、零件拆卸的下來。維修口位置也要先跟廠商與師傅討論，不然留錯方向、或離得太遠，都會讓日後檢修困難倍增！

小心施工！

1. 空調吊隱機莫要保留 40 公分 ×60 公分大小的維修口，才能讓維修人員方便拆卸檢查。
2. 維修口位置要留對，千萬不要開在機器的正下方，確保維修人員上去不會被機器擋住。
3. 投影機旁邊也需要有維修孔，以應付接電、檢修或是調整高度。
4. 廚房、衛浴倒吊管的維修口是方便水管阻塞時，可以打開清潔口做初步清潔，若有發生漏水問題時也方便檢查。

06-❸ 造型牆 / 隔間

『輕隔間施工快又比磚牆便宜，不必要的造型牆能省則省』

Dr.Home 良心話

木作隔間牆指的是結構裡的「非承重牆」，負責區隔出住家格局。現在「純隔間」部分主要以矽酸鈣板、石膏板等輕隔間取代傳統不耐燃的夾板。而想要擁有創意十足的「造型隔間」前，記得跟你的設計師再三確認價格，避免一道牆就佔去大部分裝修預算，到時候後悔也來不及囉！

預算爆支的關鍵！

造型牆　　　多少錢？約**依圖面、材質價格另議**

✌ 什麼時候用？

造型隔間牆五花八門，在材料與施工技術足以支援的前提下，設計師都能天馬行空揮灑出各式創意，但用的材質、需要工時以及設計費用，都要事先跟設計師談好，避免預算超支。

🔧 小心施工！

1. 圓弧牆面無法使用矽酸鈣板，而要改用彎曲夾板、金屬板材等材質替代。

2. 除了有外型的變化如圓弧、波浪等，也可以利用材質如實木、美耐板作出不同變化。

圖片提供 © 演拓空間設計

住得安心有耐燃最重要

隔間 多少錢？約 **NT.2,200** 元／坪

🖐 什麼時候用？

木作隔間牆從以前的夾板隔間，漸漸演變成以輕隔間為主，利用角材或輕鋼架作骨架，內封夾板外鋪一層矽酸鈣板，裡頭再裝填石英棉，這樣的隔間牆隔音效果已經可趨近磚牆，但價格相對較便宜。值得注意的是 3 米以上的超高隔間牆，因耗材更多、施工不易，價格需另外計算。

🔨 小心施工！

1. 輕隔間通常具有較好的防火、耐震、隔音效果，施工期較短，便於加快裝修工程進行。

2. 用隔間牆圈圍時，建議直接覆蓋柱子、將柱子「吃」進房間裡，而非從柱子旁切齊、延伸牆面，減緩日後矽酸鈣板龜裂的機會。

3. 輕隔間牆的防水效果不佳，家裡有水的地方如：浴室、廚房，建議使用磚牆當隔間。

4. 使用板材的厚度是影響輕隔間價格高低的主因。

木作隔間的角材和吸音材料鋪設完成之後，封板一定要使用防火的矽酸鈣板，千萬不可以使用夾板。

圖片提供 © 蓬拓空間設計

1 拆除
2 水電
3 鋁窗
4 泥作
5 空調
6 木作
7 系統櫃
8 油漆
9 木地板
10 大理石
11 玻璃
12 鐵件＆五金
13 廚具
14 衛浴
15 燈具
16 窗簾
附錄

想要延長鏡子使用壽命就要做

鏡框底板

多少錢？約 **NT.800~1,000** 元/尺

什麼時候用？

浴室的鏡子也要小心生鏽的問題！因為鏡子的水銀與水氣接觸氧化，一但鏽斑形成，鏡子當場就成小花臉了，到時只有更換一途，所以事先做好防水打底，才能延長使用年限。

圖片提供 © 演拓空間設計

小心施工！

1. 鏡面的水銀與水氣接觸久了就會氧化、斑駁，而浴室牆面常會有水氣，所以裝在這裡的鏡子格外需要注意防水。

2. 先將貼鏡子的牆面鋪防水布、加上夾板再將鏡子貼上去，可以有效延長鏡子的使用壽命。

3. 如果是做在拉門上的穿衣鏡，記得挑品質好的五金材質，因為大面鏡子加上門片本身重量不輕，很容易有脫落或難拉的情形發生。

浴室的濕氣重，在浴室封木板之前要加鋪PU防水布，安裝鏡子時則要在鏡子後方貼一塊玻璃貼紙防濕氣。

圖片提供 © 演拓空間設計

1 拆除
2 水電
3 鋁窗
4 泥作
5 空調
6 木作
7 系統櫃
8 油漆
9 木地板
10 大理石
11 玻璃
12 鐵件&五金
13 廚具
14 衛浴
15 燈具
16 窗簾
附錄

06-4 櫃體

『整合性的櫃體施工比多個單一櫃體便宜』

Dr.Home 良心話

木作櫃價格都是以「尺」計價，從造型到機能各方面作法相當具有彈性，是營造住家風格質感的一大利器。預算上若是同一區域相鄰的兩個櫃子，在條件允許下可以集中施作，把所有的機能整合在一起，總價就能稍微便宜些。

骨架夠強壯放得才多

高櫃	多少錢？一般木皮約 **NT.7,500~8,000** 元/尺
	一般美耐板約 **NT.8,000~9,000** 元/尺
	木皮塗裝板約 **NT.9,000~11,000** 元/尺

什麼時候用？

120 公分～240 公分屬於高櫃計價範圍，多以書櫃、衣櫃、收納等櫃體。其中書櫃需特別注意層板載重，可將層板厚度增加到約 2～4 公分；櫃體跨距則建議在 90 公分以內、最長不可超過 120 公分，避免層板凹陷。

小心施工！

1. 木作櫃體大部分都是固定釘死的，想移位或搬家時，就只能全部拆除重做。

2. 櫃子雙面若都會展示出來，等於高價的表面飾材是一般單面櫃的兩倍，總價當然也會比較高。

圖片提供 © 演拓空間設計

可根據收納物件訂製高矮間距

矮櫃	多少錢？一般木皮約 **NT.4,500~5,000** 元/尺
	一般美耐板約 **NT.5,000~5,500** 元/尺
	木皮塗裝板約 **NT.5,500~6,500** 元/尺

什麼時候用？

120 公分以下為矮櫃計價範疇，電視櫃、鞋櫃、五斗櫃等都是常見矮櫃。矮櫃可不代表比較簡單喔！還是得因應管線配置、鞋櫃五金等不同機能而進行內部調整。

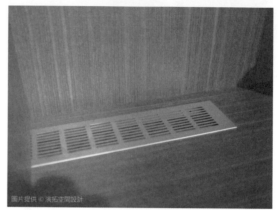

圖片提供 © 演拓空間設計

鞋櫃或是門片式的電視櫃，可加裝百葉在櫃體側邊，讓設備散熱、鞋子透氣。

小心施工！

1. 鞋櫃深度一般以 40 公分為佳，可利用活動層板去應付長靴、高跟鞋、脫鞋等不同高度的需求；並記得保留通風口，避免櫃內悶濕、臭味不散。

2. 木工品質會因選擇的師傅手藝而有差異，不容易控制品質。

3. 木作櫃若要局部更換並不划算。因為拆除一邊的層板會導致整個櫃子支撐力改變，拆好加上補強、重新噴漆或貼皮，整體下來花的工夫與金錢可能不如重新做一個新櫃子來的簡單。

圖片提供 © 演拓空間設計

保險箱、防潮箱要預留空間容納插頭

衣櫃　　　　多少錢？約 **NT.6,000~7,000** 元/尺

1 拆除
2 水電
3 鋁窗
4 泥作
5 空調
6 木作
7 系統櫃
8 油漆
9 木地板
10 大理石
11 玻璃
12 鐵件＆五金
13 廚具
14 衛浴
15 燈具
16 窗簾
附錄

✌ 什麼時候用？

衣櫃可搭配吊衣桿、抽屜、層板等收納配件，組構成最符合自己使用習慣的衣物收納設計，如果有特殊收納需求，例如：防潮箱、保險箱，也要多留空間容納插頭。

🔨 小心施工！

1. 衣櫥深度需容納一件衣服的寬度，一般為 60 公分；書櫃則為 30 公分，但會需要較多的層板。

2. 木作貼皮衣櫃要局部拆除，必須先將貼皮全部磨掉、重新上色，花費的工資可能比原本貴上許多。

3. 若空間允許，對開門片會是衣櫃較好的選擇，因為門片內側還可以設計掛勾小置物籃，這是拉門所無法做到的。

靠近床頭櫃的衣櫃門片可改成拉門方式，就能解決距離過近的問題。

圖片提供 © 甘納空間設計

圖片提供 © 演拓空間設計

06-⑤ 貼皮

『從風格喜好決定你要的貼皮種類』

Dr.Home 良心話

貼皮就像在木作上換上你想要的表情。想要日後好整理，就挑美耐板；想要與眾不同、追求自然，那就是實木貼皮。兩者各有所長，符合自己所需，就是最好的選擇。

解決刮花刮傷好粗勇

美耐板貼皮

多少錢？約 **NT.1,000~6,000** 元／塊
（塊 =120 公分 ×240 公分）

什麼時候用？

美耐板具有耐刮、易清理等特性，相當適合用於住家櫥櫃、桌面，解決刮傷、刮花的問題，可常保居家空間的美觀，當然也省下現場塗漆的費用，但花色是固定的，變化性不若木皮來的多。

小心施工！

1. 美耐板施工簡單，將白膠或強力膠均勻塗在基材及美耐板背面，等待五至十分鐘後，再將美耐板與基材黏合，以滾輪或壓力機等工具壓勻即可。務必避免殘餘的空氣在裡面，以確保黏合平順。

2. 美耐板無法轉 90 度，轉角處容易有黑邊出現，可將木皮噴成與美耐板同色收邊，修飾掉黑邊，如此可兼顧質感與實用。

3. 美耐板板材僅 1 公釐厚，需要黏貼在基材上才能使用。

圖片提供◎甘納空間設計

鋼刷處理價格最貴！

實木貼皮（熱壓板）

多少錢？約 **數百 ~NT.4,000** 元 / 塊
（塊 =120 公分 ×240 公分）

什麼時候用？

實木貼皮現在多使用木皮熱壓板取代木工現場手工貼皮，解決因師傅純熟度不同而產生品質不一的情形，施工速度加快，更間接減少木作的費用。

圖片提供 © 甘納空間設計

小心施工！

1. 使用 0.6 公分的厚木貼皮，反而比使用厚度 0.2 公分木皮，更能有效利用整塊木皮，以高壓接合方式替代膠水黏合，雖看似花費較多木材，實則較為環保且健康。

2. 為了製造出木頭般的觸感，可在厚木貼皮上，搭配「鋼刷」處理加深木皮表面紋路，營造「仿實木」質感。這樣的設計方式，較一般木皮和美耐板效果更好，但價格也高很多。目前鋼刷最常見的材質是梧桐木。

3. 直接選擇具明顯凹凸紋理的木皮，直接塗上防水塗料即可，既能做色彩變化、展現木皮自然紋理，也相對節省不少預算。

價格解析 PLUS+

木工實木貼皮會因為表層面漆上漆次數愈多，價格相對提高，並且若要做烤漆或染色處理的話，也都會提高費用。

木作貼皮步驟

1 木皮裁切

2 貼皮

3 修邊

4 打磨

圖片提供 © 演拓空間設計

1 拆除
2 水電
3 鋁窗
4 泥作
5 空調
6 木作
7 系統櫃
8 油漆
9 木地板
10 大理石
11 玻璃
12 鐵件&五金
13 廚具
14 衛浴
15 燈具
16 窗簾
附錄

門

『密合度、五金決定門的耐用度』

Dr.Home 良心話

實木比較高級？在門的世界裡可不這麼認為。做門片更重視的是「不變形」、「堅固質輕」，前者是讓門片可以乖乖跟門片密合，後者則是保障五金耐用年限，兩者缺一不可。

門片重量決定滑軌五金的種類

拉門

多少錢？約 **NT.10,000** 元/組以上（視五金而定）

什麼時候用？

若住家空間小，無法預留 60 公分左右走道讓門片迴旋的話，就可以考慮使用拉門。要依門片重量去選用足夠載重的滑軌五金，才能確保使用安全不脫落。

小心施工！

1. 木作板材最大面積為 120 公分 ×240 公分，超過這個尺寸就得接合，拉門門片內部則需使用金屬結構支撐連結。

2. 拉門因為五金價格，所以整體預算會比一般門片高一些。

3. 同時用上下軌支撐可以延長使用壽命。若是怕卡汙、踢到而不想裝下軌，則可在牆邊下方加裝固定片（即下導片＝土地公），減少門片晃動程度。

門楹＋門片　才是一扇完整的門！

門框＝門楹＝門斗	多少錢？約 **NT.3,000~4,000** 元/尺（貼皮）
門片	多少錢？約 **NT.5,000~7,000** 元/尺（標準門）

🐰 什麼時候用？

門的計價方式分為「一式」或門片、門斗是分開計價。用「一式」計價時，要確認門片、門斗皆包括其中。而門的表面裝飾手法有貼木皮、貼美耐板、油漆等方式，價錢也不同。

✏ 小心施工！

1. 空心夾板（泰扣）門片，中間利用角材或木心板做成框架，前後貼上夾板，外頭再貼皮、油漆或貼美耐板處理，質輕、不易變形。

2. 傳統習慣使用實木門斗、門片，但因實木容易收縮變形，加上重量重、五金若不夠堅固，就會導致門片卡住、無法密合。

圖片提供 © 演拓空間設計

廁所門的上下處建議貼上木皮並且上漆，可以隔絕水氣，多一層保護。

攝影 © 沈仲達

1 拆除
2 水電
3 鋁窗
4 泥作
5 空調
6 木作
7 系統櫃
8 油漆
9 木地板
10 大理石
11 玻璃
12 鐵件＆五金
13 廚具
14 衛浴
15 燈具
16 窗簾
附錄

做完了！看這裡

1 對照估價單的尺寸、面積，看是否有偷工減料。
2 要看天花是否平整、有裂縫；隔間牆收尾有沒有做好。
3 木皮所呈現出來的色差、光澤度是否能接受。
4 櫃子抽屜、門板五金都要試用；仔細觀察層板是否變形。
5 板材的施作工法倘若不細緻，可能會在接縫處因潮濕或溫度的熱漲冷縮，導致油漆表面出裂縫，甚至產生深色的水痕。可在施工前要求裝修商提供一年的保固，或是在裝修完成、間隔一、兩週再交屋，確保牆面完成品質。

監工要注意

1 出風口要避免設計在間接照明處。因為間接照明層板通常會有擋片，當風吹出時打到擋板會產生渦流，形成短循環，約有15％的部分風量會流失，也容易發生結露現象，使燈具短路。
2 輕鋼架隔間，其優點在於施作快、採乾式施工法，故能維持現場清潔，且重量輕能減少載重，價格也較磚牆便宜，拆下來的板材還可以回收利用，算是環保建材。缺點則是不易造型、要避免大力碰撞。
3 木工師傅工資愈來愈貴，且有口碑、手藝好的師父工資更高，工期也不容易安排。
4 施工期間，木作材料要存放在通風乾燥的地方。
5 木工在現場將面材貼好後，都要再上漆作保護抗污，但現場會產生刺鼻甲苯味，要避免的話可使用上好漆的面材，減少對身體的危害。

木作工程費用一覽表

項目	價格		附註
平頂天花	NT.3,000 ~ 3,500 元 / 坪		
立體天花	NT.3,500 ~ 5,500 元 / 坪		
流明天花	NT.3,000 ~ 4,000 元 / 坪		
窗簾盒	NT.350 ~ 500 元 / 尺	最容易忘記	
出、迴風口	NT.400 ~ 600 元 / 個	位置要注意	通常包含在天花費用中、不另外收費
維修口	NT.400 ~ 600 元 / 個	大小要注意	通常包含在天花費用中、不另外收費
造型牆	依圖面、材質價格另議	最花錢	
隔間	NT.2,200 元 / 坪		
鏡框底板	NT.800 ~ 1,000 元 / 尺		
高櫃	一般木皮約 NT.7,500 ~ 8,000 元 / 尺 一般美耐板約 NT.8,000 ~ 9,000 元 / 尺 木皮塗裝板約 NT.9,000 ~ 11,000 元 / 尺		
矮櫃	一般木皮約 NT.4,500 ~ 5,000 元 / 尺 一般美耐板約 NT.5,000 ~ 5,500 元 / 尺 木皮塗裝板約 NT.5,500 ~ 6,500 元 / 尺		
衣櫃	NT.6,000 ~ 7,000 元 / 尺		
實木貼皮	NT. 數百~ 4,000 元 / 塊		1 塊 =120 公分 ×240 公分
美耐板貼皮	NT.1,000 ~ 6,000/ 塊		1 塊 =120 公分 ×240 公分
門樘	NT.3,000 ~ 4,000 元 / 尺		貼皮
門片	NT.5,000 ~ 7,000 元 / 尺		標準門
拉門	NT.10,000 元 / 組以上	五金要用對	視五金而定

1 拆除
2 水電
3 鋁窗
4 泥作
5 空調
6 木作
7 系統櫃
8 油漆
9 木地板
10 大理石
11 玻璃
12 鐵件 & 五金
13 廚具
14 衛浴
15 燈具
16 窗簾
附錄

增減有彈性，沒預算別急著作滿

▶ 系統櫃費用 Check!

這些會讓費用增加

❶ **編織特殊造型門片、烤漆框將會提高預算**，若是口袋不深還是以一般系統門板為主。

❷ 只要空間許可，別堅持作拉門設計，**對開門沒有多餘的加工成本，至少可以省下一半的預算。**

❸ **不要迷信名牌五金，它會讓你付出數倍的價格。**只要確認系統廠商是使用經過安全測試的五金，就足以堪用 20 年。

❹ **櫃體上方若能整齊收納**棉被、行李箱等物品，**其實不用非得讓高櫃做到頂。**建議可以先使用看看，**日後若真有需求，可再行增加。**

預算比例

❶ 不管新成屋或中古屋，以**全室裝修**來説，**每坪預算預估約 NT.10,000 元**以內可以完成基本機能。

❷ **30 坪以上的空間**，因為房間數量並不會明顯增加，**預算上大約需要 NT.15~30 萬**，視做多少而定。

❸ **中古屋常會結合現有傢具擴增收納**。若單純增設小孩房，預算大約為 NT.10 萬元。若是 30 坪住家，每面牆都增設收納櫃，櫃體高度都做到頂，價格就要提升到 NT.70 ～ 80 萬左右。

這樣做更好用

① **結構所需要的設計都不要隨意刪減**，不能因為造型喜好或美觀去擅自更動，造成日後使用的危險。

② **要有足夠的溝通時間。** 明確地說出需求，讓設計師去評估作法、是否可完成，不可有模糊的空間。抱著"做做看好了"的心態，通常是日後爭端的開始。

③ 家庭成員最好通通到齊，**當面表明需求意願，可以有效省下訊息傳遞的誤差，以及反覆確認的時間。**

費用陷阱

陷阱❶ 單用"一尺多少錢"來比價。有些廠商報價時是以空櫃的價格來估算，門片、吊衣桿、五金、抽屜、分格盤等配件全都不包括其中，等真正規劃時才發現另外加價的部分，結果根本沒省到。

陷阱❷ **E0、E1 等級或是 EGGER 的低甲醛板材**，因為**價格較高，市面上仿冒品眾多**，除了挑選有信譽的系統櫃廠商外，也可請廠商提供保證卡、相關檢驗報告及進出口關稅證明，保障自己的權益。

陷阱❸ 採用**特殊材質的門片**如玻璃、陶瓷等，或是**特定風格**如鄉村風、維多利亞風都**會導致價錢暴增**，這些都要事先問清楚，千萬別用一般規格品去預估價格。

圖片提供 © 綠鄰系統傢俱

『櫃體有固定成本，做得再低也不會壓低價格』

Dr.Home 良心話

系統櫃體表面上是以高度區分價格帶，再用寬度去計價，幾公分就算多少錢，以上為材料成本部分。但櫃體皆是由頂底板、左右側板、背板、五金等結構組成，有固定的施作成本，因此櫃體即使做得再低，價格也無法壓低太多。

抽屜做太多，小心預算暴增！

矮櫃	多少錢？中階板材約 **NT.3,800~4,500** 元/尺 高階板材約 **NT.5,500~6,000** 元/尺

什麼時候用？

系統矮櫃泛指 120 公分以下的櫃子。通常是作為食物貯藏、防潮箱、鞋櫃等設計用途。先讓設計師了解家中需要收納的物品有哪些，並提供正確的尺寸，這樣可以有助於設計師動線與櫃體尺寸的規劃。

小心施工！

1. 若是需要插電的防潮箱，需要事先告知設計師，配合鑽孔與線路規劃。

2. 如果以矮櫃規劃鞋櫃的收納，一般平底鞋平均 20 公分，可以先確定收納量以估算層板數量。若矮櫃採懸空設計，下方又想擺一雙鞋子的話，底部就要保留至少 20 公分的高度。

3. 若做五斗櫃的多抽屜規劃，造價上將會比門片式的矮櫃增加多一倍的花費。

圖片提供 © 綠鄰系統傢俱

1 拆除
2 水電
3 鋁窗
4 泥作
5 空調
6 木作
7 系統櫃
8 油漆
9 木地板
10 大理石
11 玻璃
12 鐵件＆五金
13 廚具
14 衛浴
15 燈具
16 窗簾
附錄

耗材少又堅固，C/P 值最高！

高櫃　　多少錢？約 **4,800** 元／尺

圖片提供◎杰瑪設計、采奕系統傢俱

什麼時候用？

80-240 公分高櫃通常用在書櫃、衣櫃規劃。書櫃要小心板材載重；衣櫃則要依使用習慣規劃吊掛、層板、抽屜等不同的使用方式。

小心施工！

1. 高櫃做到 240 公分左右最划算。因為進口板材尺寸為 200 公分 ×280 公分，板材應力在 240 公分內是最好的，加上可減少耗材，所以能製作出最大容量兼具結構安全的櫃體。

2. 由於書本很重，因此一般書櫃的層板需 2 公分以上，跨距以不超過 60 公分為原則。若跨距超過 60 公分以上，除選用較厚板材，或是跨距加強立板支撐、分散層板的承重力；也可以增設收邊條，加強力度防止變形。

3. 衣櫃內的掛衣桿設計需注意使用者身高。一般衣物加上衣架總長度約為 100 公分，兩層掛衣桿對於一般身高的人來說上桿會太高，此時就要配合身高做調整。若是能善加利用上下兩層的收納方式，可以增加兩倍容量，達到間接放大住家空間的效果。

高櫃種類尺寸建議

種類	面寬	層板厚度
開放式書架	一欄的寬度在 60 公分以內	建議厚度 25mm
小書櫃	一欄的寬度在 60 公分以內	建議厚度 18mm
大書櫃	一欄寬度在 60 ～ 120 公分以內	建議厚度 25mm
衣櫃	一欄寬度在 100 公分以內	建議厚度 18mm

要先預留線路的規劃才好看

電視櫃	多少錢？約 **NT.2,400** 元／尺

什麼時候用？

45 公分以下的系統櫃體，最常見的就屬電視櫃，除了要預留視聽設備的線路外，若是要增設收納小物的抽屜，小心預算也會跟著提高喔！

小心施工！

1. 電視線、網路線、喇叭線等線路的預先規劃，要事先想好線路要走的位置，可以先預留開孔。

2. 需要遙控的設備，記得要在櫃體上預留鏤空設計。

3. 單一層板的設計，完工時看似簡約乾淨，但是當擺上設備管線外露，視覺上會顯得很雜亂。

1 拆除	
2 水電	
3 鋁窗	
4 泥作	
5 空調	
6 木作	
7 系統櫃	
8 油漆	
9 木地板	
10 大理石	
11 玻璃	
12 鐵件&五金	
13 廚具	
14 衛浴	
15 燈具	
16 窗簾	
附錄	

07-2 系統櫃門片

『特殊風格、材質會讓門片費用提高』

Dr.Home 良心話

雖然說拉門設計可以省下門片迴旋，是最省空間的做法，但是規劃一道拉門要佔掉 9 公分左右的軌道厚度，反而吃掉實際坪數！其實一般住家只需有 60 公分的走道，都足以讓一般的門片開闔，加上少掉加工成本、造價省一半，價格與空間雙省！

超過 240 公分會變形！

拉門	多少錢？約 **NT.300~850** 元／才

什麼時候用？

當住家空間較小、沒有足夠迴旋空間時，需要使用拉門設計，避免門片開闔有問題。若是隔屏式拉門還有高度限制，最高做到 240 公分，超過高度板材會有變型風險。

小心施工！

1. 懸空式推拉門能讓正面看不到軌道，整體線條更簡約，但因為門板重量只靠上方懸臂吊在櫃子上方，久了會發生金屬疲勞、影響耐用度，甚至可能發生門片掉落的安全問題。

2. 如果門片高度超過 128 公分左右，建議都要外加鋁框，而且採用 18mm 厚度的板材會比較好。

圖片提供 © 綠鄰系統傢俱

價格解析 PLUS+

1. 原有門片改成拉門設計，因為五金與加工費用，可能要多上 NT.7,000 ～ 10,000 元的費用，有時拉門反而會比櫃子貴！

2. 拉門價格是以材質做區分。NT.300 元／才是使用系統板材；NT.850 元／才則是使用烤漆框、特殊材質造型門片。

省錢、增大使用空間選對開門就對了！

對開門	多少錢？約 **NT.140** 元／才

☝ 什麼時候用？

當住家具備 60 公分左右的走道，做對開門片就是最經濟實惠的選擇。因為在相同厚度前提下，除了開闔時的迴旋空間，它實際只佔掉 2 公分的門片厚度，比起拉門動輒 9 公分的軌道，整整多了 7 公分！

☖ 小心施工！

1. 鉸鍊可選擇有油壓緩衝功能，門片關起時能慢慢地回歸至櫃體，可避免產生碰撞聲響。

2. 安裝時一般師傅都是用電動起子施作，好的安裝師傅，在安裝時會小心控制力道，唯獨裝把手時若能使用一般螺絲起子的師傅相對施工品質會很好。

3. 鉸鍊會在門片鑽孔，並在與門片交接處加上塑膠墊片緩衝，增加密合穩定性，讓門片不易鬆脫而導致歪斜。

☝ 價格解析 PLUS+

1. 一般做櫃體都是包含門片的價格，若高櫃含門是 NT.4,200 元／尺，不做門只能扣掉 NT.350 元／尺。

2. 櫃體連門一起作時，門片的製作成本會降低，所以若要扣除原有門片，金額會跟單獨加裝門片價格不同。

3. 若是單獨施作一扇 240 公分 ×30 公分門片，約等於 8 才，所以是 NT.11,00 元。

4. 特殊風格、材質門片，如木紋、鋼烤亮面、仿舊等非規格品，會從 NT.1,400~2,000 元／才起跳。

圖片提供 © 綠郵系統傢俱

1 拆除
2 水電
3 鋁窗
4 泥作
5 空調
6 木作
7 系統櫃
8 油漆
9 木地板
10 大理石
11 玻璃
12 鐵件＆五金
13 廚具
14 衛浴
15 燈具
16 窗簾｜附錄

07-3 系統櫃收納配件

『鐵鍍鉻拉籃便宜又好用！』

Dr.Home 良心話

抽屜、拉籃等系統收納配件的增減，是影響最終預算的重要原因，一定要有必要再作。尤其木抽屜造價成本高，一組動輒 NT.2000 元起跳的價格，若是要做完一排滿是抽屜的五斗櫃，櫃子總價絕對嚇死你。

單價高，是櫃體總價暴增黑洞

| 木抽屜 | 多少錢？約 **NT.2,100** 元／組 |

什麼時候用？

木抽屜通常會用在衣櫃、收納小物的五斗櫃中，除了可分門別類的好處外抽屜本身就會佔去相當大的收納空間，造價又貴，建議視地點與使用習慣去精算配置數量！

小心施工！

1. 木抽屜造價較昂貴，是因為板材要裁切的部分多，又有多道封邊手續，還需配置五金滑軌，所以成本高。

2. 櫃體內側的抽屜，由於外有大門片遮掩會比較有視覺一致性而倍受青睞，但比起直接外露的抽屜造價差不多，但深度會少約 10 公分、寬度少約 5 公分，降低大量容積。

3. 抽底一般為 8mm 厚度的板材，可供收納書籍等重物，同時能增加可使用的高度與橫幅。

4. 建議抽屜最大建議寬 100 公分、高度 32 公分，太寬除了會很重以外，抽屜過深不方便使用。三節式滑軌載重約 20KG；座式滑軌約 30KG。

價格解析 PLUS+

抽屜若要加裝緩衝滑軌，需增加 NT.500～1,000 元不等的費用。NT.500 元是加裝在側邊為三截式設計；NT.1,000 元則是裝置於下方的座式設計。

材質不同價錢差一倍！

拉籃

多少錢？約 **NT.1,500** 元 / 組（鐵鍍鉻）

約 **NT.2,500** 元 / 組（不鏽鋼）

什麼時候用？

拉籃通常用於放置需要通風的衣服，或是像毛衣、帽子、配件以及毛巾等蓬鬆的衣物，除了增加收納量外，視覺一覽無遺，方便在搭衣服時能迅速選配。

小心規劃！

圖片提供 © 綠鄰系統傢俱

1. 規劃時上方多留一些空間，能有效增加衣服的收納量。例如高拉籃高度為 21 公分，上面多留 10 公分，反而能提升拉籃收納效率。

2. 以預留上方空間方式，原本可能要裝三個拉籃的櫃體，可省下一個拉籃的錢，收納容量卻沒有減少。

使用限制多，想清楚再裝

升降吊衣桿

多少錢？約 **NT.1,500** 元 / 組（國產）

約 **NT.3,500** 元 / 組（日本）

什麼時候用？

優點是可以充分運用空間，手搆不到的地方也可配置掛衣桿，增加衣櫃收納型式的多樣性。但使用上需注意細節很多，例如掛衣桿不能掛滿不然會卡住、衣櫃左右會被吊衣桿的大零件吃掉空間，是屬於建議「想清楚了再裝」的收納配件。

提供 © 綠鄰系統傢俱

小心使用！

1. 建議懸掛大衣等具備一定重量的衣物，在操作使用上會比較順手；懸掛太輕的衣物時，就得使用更大力道才能順利操作。

2. 懸掛載重約為 30KG；件數上也不建議掛滿，因為在使用時因為衣物晃動、左右較容易卡住。

07-4 系統櫃五金配件

『貴不一定好！親身試用就知好壞』

Dr.Home 良心話

系統傢具的五金零件，會依品牌、國產品或進口品而價格不同，價差有時會到一倍以上，五金使用越多價格也會越高。選擇時不要迷信名牌或高價單品，可以自己親手試試使用手感。

容易壞、局部用就好

拍拍手　　　　多少錢？約 **NT.150** 元／組

什麼時候用？

拍拍手建議局部裝設，最好用在小門片上。雖然單價不貴，但因損壞機率高，要請廠商來維修更換也很耗時，所以不建議大量使用。

小心施工！

1. 大片門片若只單一顆，回彈效率不高，所以得多裝幾顆確保回彈機能。可是一旦多裝，拍拍手零件會檔在櫃子口，影響收納便利性。

2. 拍拍手適用在 "不方便用手開門" 或是 "不常使用的門片"，但長時間直接觸碰門板，要記得擦拭門片保持清潔。

圖片提供◎綠邦系統傢俱

關門片更安靜無聲！

緩衝鉸練　　　多少錢？約 **NT.200~300** 元 / 組

✌ 什麼時候用？

關門片時如果不想要"碰"一聲，以及擔心小朋友被門片夾傷手，就能使用緩衝鉸練。一般鉸練 NT.200 ～ 300 元 / 組已經有內建油壓、具備自動回歸功能設計，無需再加裝傳統的獨立緩衝器。

⚒ 小心施工！

1. 廚房建議使用緩衝鉸練，因為手上會有比較多的東西，比較難控制開關力道。

2. 緩衝鉸練以不鏽鋼材質為佳，避免水氣鏽蝕。

圖片提供 © 綠鄰系統傢俱

平移門片好方便

前緣外掛五金　　多少錢？**鋁條軌道** 約 **NT.2,400** 元 /300 公分

五金 約 **NT.1,500** 元 / 組

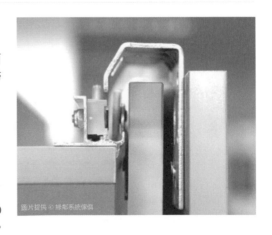

✌ 什麼時候用？

若是在化妝台使用外掀式門片，需要保留檯面上方一定的高度，不然一旦門片開闔，就得掃落一桌子瓶瓶罐罐。而若使用前緣外掛五金，可平移門片，達到減少門片迴旋造成的困擾。

⚒ 小心施工！

1. 軌道價格為鋁條 300 公分為 NT.2,400 元，可裁切調整長短；一片門所需五金約 NT.1,500 元 / 組，通常是使用系統板，有承重上的限制。

圖片提供 © 綠鄰系統傢俱

2. 前緣外掛五金因為只有單軌設計，所以是提供門片平移，無法完全遮蔽。

3. 基本設置為上下兩軌，超過 200 公分的門片最好在腰帶加裝至三軌，以保持穩定與安全。

系統傢具廠商配合流程

步驟	施作內容	施作天數
丈量	現場丈量所有尺寸	1 天
規劃設計 & 討論需求	規劃設計所需要的櫃體、門板樣式和五金配置	依個案不同約 1～3 天
繪製製造圖	將設計圖轉換為製造圖，包括板材切割、孔位等詳細圖面	依個案不同約 3～5 天
工廠備料	將板材尺寸輸入 CNC 設備，並且裁切、鑽孔、封邊	約 7～10 天
運送	將加工好的板材、五金運送至現場	1 天
組裝、收邊	現場組裝收邊	約 1～5 天

1 拆除
2 水電
3 鋁窗
4 泥作
5 空調
6 木作
7 系統櫃
8 油漆
9 木地板
10 大理石
11 玻璃
12 鐵件 & 五金
13 廚具
14 衛浴
15 燈具
16 窗簾
附錄

Dr.Home 小提醒

做完了！看這裡

1. 因為在運送過程中有所碰撞，造成封邊會破損，些微的損壞可以進行修補；若太嚴重就建議更換新板。
2. 櫃子與壁面結合處，師傅通常會打矽利康，其平整度也會是驗收重點。
3. 抽屜與門片都開開看。整個櫃體門縫要保留一致，看起來會比較美觀。
4. 工廠留下的殘膠或手痕抹布擦不掉，記得請師傅幫忙清理。
5. 確認五金品牌（尤其是鉸鏈）是否與當初訂購的相同。觀察五金外觀是否有瑕疵損傷，若有則重新更換。

監工要注意

1. 有些系統櫃全使用五金結合，可還原成一塊塊板材進行搬遷。可視新環境做櫃體的增減；尺寸如有變動，亦可送回工廠做完整個裁切封邊處理。
2. 系統廠商保固 5 年至 10 年不等，可向廠商索取保固書。
3. 可以觀察系統櫃體的邊緣是否同色、或是有邊縫鋸齒產生，例如封邊不完全會讓水氣跑進去、減少使用壽命。
4. 系統櫃施作的壁面層板只靠 12-15 公分的螺絲鎖在牆壁，建議用於擺設小飾品，避免放置書籍等重物，以保證使用上的安全。
5. 將系統櫃拆下時，先將矽利康割下，壁面漆如有破損則會進行補漆動作。
6. 拆卸、運送、到新家重新組裝系統櫃，預算約是原有造價三成。其中也包含工錢、替換破損板材、更換踢腳板、小範圍維修、設計費用等。

系統櫃工程費用一覽表

項目	價格	附註
矮櫃	中階板材約 NT.3,800 ～ 4,500 元 / 尺 高階板材約 NT.5,500 ～ 6,000 元 / 尺	
高櫃	NT.4,800 元 / 尺	
超低櫃	NT.2,400 元 / 尺	
對開門	NT.140 元 / 才	最省錢
拉門	NT.300 ～ 850 元 / 才	
木抽屜	NT.2,100 元 / 組	最花錢
拉籃	NT.1,500 ～ 3,000 元 / 組	
升降吊衣桿	NT.1,500 ～ 3,500 元 / 組	有必要再裝
拍拍手	NT.150 元 / 組	需要常更換
緩衝鉸練	NT.200 ～ 300 元 / 組	
前緣外掛五金	鋁條軌道：NT.2,400 元 /300cm 五金：1,500 元 / 組	

※ 系統櫃工程費用主要為品牌價差，大約落差會有 2 ～ 3 成左右。

1 拆除
2 水電
3 鋁窗
4 泥作
5 空調
6 木作
7 系統櫃
8 油漆
9 木地板
10 大理石
11 玻璃
12 鐵件＆五金
13 廚具
14 衛浴
15 燈具
16 窗簾
附錄

油漆究竟要幾底幾度？
其實沒有標準答案，
應該視屋況
還有屋主對於空間的要求而定，
但是這絕對會影響到油漆的報價！

同一間房子，油漆師傅的報價可以有 6 萬、3 萬的差異，
應當去了解這二種價錢，師傅施工的精細度到哪裡才能做比較，
屋主最好一開始也要向師傅或設計師溝通對於牆面的自我標準到哪裡，
避免期望落差太大，

而且其實光是油漆，也有分刷漆、噴漆、烤漆等處理方式，
像是門片就可以利用噴漆施作，表面可以很平滑又細緻，
不過相對來說也很費工，現場的保護措施也要做好，
優點是以後髒了可以用抹布擦乾淨，
但缺點是如果不小心碰到產生刮痕，可就無法恢復啦！

油漆手續
不要省
均勻又飽和
才是賺到

▶ 油漆費用 Check!

千萬不能省

1 最好能在**施工完成後統一上漆**，避免新舊油漆牆面差異過大，或是管溝重新補漆部分會非常明顯，而且其實省下的油漆費用很有限，卻換來斑駁不均勻的視覺感受，反而得不償失。

2 **按照二底三度的施工步驟走，呈現出來效果比較穩定**，避免後悔而重來反而多花錢與時間。

3 **施工前要先確認硬體結構是否適合上漆**，例如壁癌、裂縫等等，沒處理好就上漆就是浪費時間，最後還得回過頭再解決壁癌，也會更花錢。

4 **油漆師傅進行染色前，會請木工留下幾塊所使用的木板，油漆師傅再噴上深淺色調**，屋主應該看過實際色彩做選擇，避免和心裡想的有落差。

預算比例

1 **不論新舊住家，油漆工程大約佔裝潢總工程款 10~15%。**

2 除了**油漆種類會影響價格，油漆的塗裝工法會影響施工時間與成本**，如噴塗、刷塗、鏝刀或平塗而有所不同。

3 **交通時間也會影響工資支出。**如果師傅得遠道而來，交通時間較久，即使只做半天工程，也會算一天的錢。

4 **如果單純是空屋、新成屋施工，油漆工期會較短、價格較低；**若是有傢具、裝潢，除了保護貼紙外、還得移動傢具，難度與工期增加，就會反映在成本上。

※ 本書價格僅供參考，實際價格以市場狀況而定。

這些不做也沒關係

① 鋼琴烤漆質感佳，觸感也非常細緻，但造價昂貴、保養不易，**約是一般噴漆的兩倍到三倍價格**，除非預算充足，不然用噴漆即可。

② 預算不夠可以用水泥漆取代乳膠漆，可以稍微減少材料費用。

③ 現在油漆品質越來越好，只要是有信譽的品牌，品質差異其實並不大，如果預算不多，**可以請設計師推薦便宜好用的產品替代。**

費用陷阱

陷阱① 比價時要統一單位才會比較準確。 例如一樘門可以寫成一式 NT.12,000 元；也可以寫成一才 NT.650 元，後者會讓人比較沒警覺心，但這種算法一樘門要價將近 NT.30,000 元。

陷阱② 單純請人來粉刷與裝修油漆工程工作內容並不相同。 前者可能兩個師傅來做個 3～5 天就完工；而住家裝修的油漆工程，除了要從批土開始施作，還要視牆壁、櫃體等材質作不同處理，所以需要的預算與時間都會比較多。

陷阱③ 要確認是否有依照事先約定的油漆品牌使用， 有些師傅甚至會在屋主面前開封新品，以保障兩方權益。

陷阱④ 估價時沒有將現場要特別處理的情況算下去，正式施工時才告知需多花時間處理，增加施工成本。

圖片提供 © 演拓空間設計

圖片提供 © 劉同育空間規劃

08-① 天花、壁面用漆

『刷漆早就過時了！用噴漆才會平整好看』

Dr.Home 良心話

在居家裝修中，刷痕、不均勻是油漆工程的死穴，加上四面八方的燈光一打下去，牆壁上的瑕疵無所遁形，為了避免爭議以及補救的困難，設計師逐漸使用噴漆取代傳統刷漆方式。

均勻質感打了光更美

天花板水泥噴漆

多少錢？約 **NT.1,000** 元／坪（水泥漆噴漆）

✂ 什麼時候用？

傳統用刷漆、滾輪上漆，因為間接燈光手法的流行，傳統刷漆的就像是修正帶，產生一道道非常明顯的刷痕，甚至是呈現不均勻的區塊，所以現在很多設計師、工班都改以水泥漆噴漆為主。

✎ 小心施工！

1. 水泥漆噴漆後，觸感會有點粉粉的，比較容易髒而且不能用抹布清潔、會越擦越髒，但表面破損、髒汙都可以經由局部處理恢復。

2. 標準上漆手續為二底三度。

3. 如果油漆退場後才發現無法接受、想要重新上漆，後面銜接的工程更難做，工期勢必延長，還要再增加一倍的油漆預算、更麻煩的施工手續、部分工程延宕產生的成本、各式繁瑣的廠商配合時間改動…等。

圖片提供 © 劉同育空間規劃

1 拆除
2 水電
3 鋁窗
4 泥作
5 空調
6 木作
7 系統櫃
8 油漆
9 木地板
10 大理石
11 玻璃
12 鐵件＆五金
13 廚具
14 衛浴
15 燈具
16 窗簾　附錄

拒當小花臉！牆面建議統一重新上漆

牆面水泥噴漆　　多少錢？ **NT.1,100** 元／坪（水泥漆噴漆）

🐰 什麼時候用？

無論是新舊屋子，一旦進行改建裝潢，難免有管線移位、隔間移動等動作，建議最後全室統一重新進行標準程序的油漆工程，令整體效果更加一致。

🔨 小心施工！

1. 住家新建案，屋主想減少預算、省時間，就改為批土、磨、上漆的陽春模式。但若遇到管線移位等泥作、水電更動，管溝部分會重新補漆，因為是採標準做法就會顯得格外細緻，整體牆面呈現一道道深淺不同的痕跡，相當不美觀。

2. 新建案原有的表面觸感通常較粗糙，因為只批一次土，就進行大面積噴漆；若是輕隔間，甚至就直接在板材上噴漆，所以顆粒明顯，甚至會產生類似皮革荔枝紋的紋路。

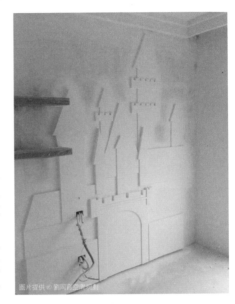

圖片提供＠劉同育空間規劃

批土、AB膠填縫是油漆工程的基礎，尤其是弧形空間更容易看出油漆塗刷的瑕疵，所以對於批土、填縫的要求會比一般壁面更高。

圖片提供＠演拓空間設計

主婦最愛，一擦就乾淨

乳膠漆　多少錢？約 **NT.1,500~1,600** 元／坪（乳膠漆噴漆）

圖片提供 © 演拓空間設計

🐰 什麼時候用？

乳膠漆現在講求無毒、環保、好清潔，天花、壁面都可以使用，乳膠漆用噴的速度比刷的快很多，也能解決上漆速度差距形成的漆痕問題。

🔧 小心施工！

1.一般樓高的油漆施作，會分上、中、下分區施工共三層，所以會出現兩道交接，因乳膠漆較稠，接合處會很明顯，施工完成後，站在側邊就會看到痕跡。

2.乳膠漆漆上牆後，與水泥漆的效果一般人很難分辨差異，但乳膠漆能進行表面清潔，水泥漆會越擦越髒。

3.乳膠漆表面若經破壞，用刷漆方式補，痕跡會很明顯，建議用噴補方式會比較好。

💡 估價單有雷！

有些裝潢工程行會用一式帶過，其實是錯的！天花板、牆面都可以用坪數去計算，如果不是用噴漆去處理，乳膠漆刷漆每坪大約是 NT.550 元，不過細緻度和噴漆處理仍有差異，一方面最好連使用的漆料品牌也一併標示。

柒	油漆工程	式	1		53,000
1	全室天花板刷漆 (綠建材-水性環保漆)	坪	16	550	8,800
3	全室牆面刷漆 (綠建材-水性環保漆)	坪	48	550	26,400
2	窗邊櫃，木皮噴漆	尺	8	850	6,800
4	原有鞋櫃噴漆	式	1	2,200	2,200
5	臥室門片，木皮噴漆	樘	2	4,400	8,800
捌	廚具工程	式	1		56,875
1	一字型不鏽鋼檯面	公分	213	30	6,390
2	上櫃-木紋塑合板桶身+塑合門板	公分	213	45	9,585
3	下櫃-木紋塑合板桶身+塑合門板	公分	213	50	10,650
4	上下櫃側面封板	式	1	1,650	1,650
5	檯面下崁60cm單槽(一般提籃+滴水籃)	只	1	3,300	3,300
6	檯面式單槍雙用龍頭	只	1	1,320	1,320

3594	三 油漆工程				
3595	室內天花板-壁面-油漆刷新	式	1	30000	30000
3596	儲藏室-門框-轉櫃補縫-批土-油漆刷新	式	1	15000	15000
3597				合計	45000元

1	拆除
2	水電
3	鋁窗
4	泥作
5	空調
6	木作
7	系統櫃
8	**油漆**
9	木地板
10	大理石
11	玻璃
12	鐵件&五金
13	廚具
14	衛浴
15	燈具
16	窗簾
	附錄

08-❷ 木作櫃體上漆

『染色、噴漆價錢貴，沒必要可省略』

Dr.Home 良心話

木作櫃體本身已經不便宜了，若是還要用噴漆、木皮染色方式處理，價格又會翻上兩翻，若非作木作櫃不可，使用較低價位的美耐板當面材，省時省工，會是較經濟的選擇。

可搭配風格調出適合的顏色

木皮染色	多少錢？約 **NT.1,500** 元／尺

什麼時候用？

木櫃子貼上木皮後還要經過噴漆處理，最基本的做法可以單純上透明漆；如果想要不同色調，就得請師傅現場調色、噴塗，要注意木皮染色是否需要另外加價。

小心施工！

1. 木皮最基本就是上透明漆，達到基本防潮、抗汙效果。

2. 為了追求薄透均勻，木皮上的透明漆一定要用噴的，若是動作不夠快，噴到一半乾掉了，就容易在木皮產生痕跡。

3. 白橡染白、白橡帶秋香綠等，其實皆為同一塊木皮噴染不同顏色而出現的顏色差異，通常是以原色木板送到現場，再由油漆師傅調出需要的顏色。

4. 染色前要噴上透明漆打底，第二次再上想要的顏色。

圖片提供©演拓空間設計

反覆四道程序才會精緻

木作櫃體噴漆

多少錢？**矮櫃** 約 **NT.450~1,350** 元/尺（視漆料而定）

高櫃 約 **NT.800~2,400** 元/尺

什麼時候用？

先看是高櫃還是矮櫃，確定計價單位；然後加總櫃體每個面的寬度總合，就像量腰圍一樣繞一圈，就可以算出櫃子油漆的價格。

小心施工！

1. 木作的噴漆程序大概要四次左右，需經過反覆噴、磨等動作。鋼琴烤漆則需要 7～9 次的程序，手續更複雜，效果也會更精緻。

2. 有時將舊櫃子重新噴漆，若衣櫃上有許多細節雕花，磨除表面就會很費工，甚至會比做一個新的還貴。

3. 木作水性噴漆因不添加有機溶劑，無毒又環保，最適合使用在住家。但比一般噴漆價格貴三倍，還需要多花兩倍時間等它乾。

圖片提供◎劉同育空間規劃

費時費工一點都不省

門片噴漆

多少錢？約 **NT.4,000~4,500** 元/片（含框）

什麼時候用？

新、舊門片的噴漆價格其實是差不多的。新門片狀況好，步驟簡單；舊門片卻得重新整理才能上漆，在手法上反而比較麻煩。

小心施工！

1. 若要將舊門片重新上漆，需要先將門片拆下，磨去原有的表面漆、再重新上色，價格一樣是 NT.4,000～4,500 元/片。

2. 門片通常是以門＋門框一式計價。

圖片提供◎劉同育空間規劃

08-③ 烤漆

『現場烤漆粉塵多，一旦刮傷也沒得救』

Dr.Home 良心話

烤漆最好送到烤漆廠做粉體塗裝，避免現場烤漆會面臨的落塵問題、導致附著漆面導致不夠細緻，才能達到真正烤漆應有的細膩觸感。

1 拆除
2 水電
3 鋁窗
4 泥作
5 空調
6 木作
7 系統櫃
8 油漆
9 木地板
10 大理石
11 玻璃
12 鐵件&五金
13 廚具
14 衛浴
15 燈具
16 窗簾
附錄

鍍鈦烤漆效果好

鐵件烤漆	多少錢？約 **NT.1,500** 元/尺（現場烤漆）

✌什麼時候用？

鐵件要在現場組裝好才能上漆的情況，例如樓梯的鐵件部分，油漆師傅就必須在現場進行烤漆。現場烤漆需開窗保持通風、盡量不要有粉塵干擾、更得住意遠離火源，才能確保施工安全與烤漆品質。

圖片提供＠絕享設計

✎小心施工！

1. 若是要進行一整個門框等大面積部位，會直接送到烤漆廠做粉底烤漆，噴出來的效果會比較精緻。

2. 鍍鉻效果會像不鏽鋼表面亮晶晶的；而現在較新的是鍍鈦，會呈現亮灰色的效果，價格非常高昂。

表面光滑好清潔

門片烤漆

多少錢？約 **NT.10,000~12,000** 元 / 片

✌ 什麼時候用？

門片烤漆優點是質感好，但價格約會是噴漆的三倍左右。也可做鋼琴烤漆，但是表面較硬，門片開闔頻繁的狀態下，容易出現損壞或裂痕，無法進行補漆處理。

⚒ 小心施工！

1. 烤漆表面比較光滑，可以擦拭，相對清潔上較容易。

2. 表面質地硬，就如同汽車烤漆，一旦因撞擊而凹陷、剝落，無法補漆。

圖片提供 © 演拓空間設計

Dr.Home 小提醒

做完了！看這裡

1 看牆面油漆的飽和度、是否均勻，會牽涉到是否有偷工減料。

2 善用不同的光源角度，可以幫忙油漆驗收。例如間接燈光可以看天花板、窗戶打進來的自然光是側光，可以看出沙發背牆一整面是否均勻等等。

3 細部可觀查間接光盒是否有噴白，因為保持原有夾板色、光會偏黃。

監工要注意

1 選擇的色板與編號要記得保留，以方便事後再做重新刷塗與確認的工作。

2 噴漆完成後要注意空氣流通，當然同時也要確保住家安全。

3 現在木皮大部分是用工廠貼好的木皮板，有時候鋪貼過程有瑕疵，現場漆一噴上去就會非常明顯，必須得重新更換一張。

油漆工程費用一覽表

項目	價格	附註
天花板水泥噴漆	NT.1,000 元 / 坪　C/P 值高	
牆面水泥噴漆	NT.1,100 元 / 坪	
乳膠漆噴漆	NT.1,500 ～ 1,600 元 / 坪　一擦就乾淨	
木皮染色	NT.1,500 元 / 尺　最多元	
高櫃噴漆	NT.800 ～ 2,400 元 / 尺	
矮櫃噴漆	NT.450 ～ 1,350 元 / 尺	
高櫃＋木作無毒水性噴漆	NT.2,400 元 / 尺　價格最貴	
矮櫃＋木作無毒水性噴漆	NT.1,350 元 / 尺	
門片噴漆	NT.4,000 ～ 4,500 元 / 片	含框
鐵件烤漆	NT.1,500 元 / 尺	現場烤漆
門片烤漆	NT.10,000 ～ 12,000 元 / 片	

1 拆除
2 水電
3 鋁窗
4 泥作
5 空調
6 木作
7 系統櫃
8 油漆
9 木地板
10 大理石
11 玻璃
12 鐵件 & 五金
13 廚具
14 衛浴
15 燈具
16 窗簾
附錄

目前最大宗的木地板
當屬超耐磨木地板，
塑膠地板則是後起之秀

乍聽之下很多人會覺得塑膠地板不好，
木紋很假？質感很塑膠？！那可就錯了！

其實現在塑膠地板的仿真技術早就超乎想像，
木紋色調自然，還會有仿蟲柱效果，
重點是踩上去根本分不出是真的木地板還是塑膠地板，

所以如果預算有限，塑膠地板是另一個好選擇，
直接鋪上原有的磁磚地板上，還可以省一點拆除費用！

不過記得交給木地板廠商施工，
比起木工師傅更來得專精，鋪設費用也會比較便宜喔！

超耐磨地板 C/P 值高，潮濕是最大罩門

▶ 木地板費用 Check!

千萬不能省

❶ 在使用前，也可以用**抽查的方式抽出多塊地板，在平整的地面進行拼裝**，觀察結合鬆緊程度、並看看其表面是否平整。

❷ **防潮布的功用為抗潮，而靜音底墊的功用是：抗潮、微調高低差、降低音量。**

❸ 要**預留一定的貨料**，或留下廠商的貨號，以方便日後維修更換用。

❹ **南方松鋪好後，要先打線、再鎖上不鏽鋼螺絲，比起直接用釘槍釘合，**在材料上就貴上好幾十倍，可是不用擔心日後板材翹曲、釘子生鏽外露，對居家安全比較有保障。

預算比例

❶ **若是整個住家都鋪貼木地板，預算比例約佔總工程款 10%。**

❷ **木地板的施工方法不同，也會影響價格不同。**以超耐磨地板來說，直鋪工法是最便宜的。

❸ **架高是鋪設方式中最貴的，**一坪工錢約莫要多NT.1500 元。**木地板師傅的架高與木工師傅施作的架高，工錢又不一樣。**

❹ 木地板除了以木質作為價格高低標準，使用的**才數（寬度、厚度），也會影響價格高低，基本上越寬就會越貴。**

※ 本書價格僅供參考，實際價格以市場狀況而定。

這些做最省錢

❶ **超耐磨木地板顏色選擇多元，施工快速方便**，容易拆卸的特質很適合租屋族，且在**價格上比實木地板便宜。**

❷ **超耐磨地板現大多為雙鎖扣式設計，更換容易，**所以只要地板沒有損壞，甚至都還可以在搬家時裝設成為新居的地板。

❸ **當地面有明顯高低差時，直接架高、拉齊地面水平，比起重新施作地面泥作工程來的便宜快速。**

❹ **亂尺鋪法會比定尺來的便宜。階梯式（定尺）是固定長度的規則鋪貼，材料耗損較大**；亂尺的使用長度可以不固定。工資差距不大，主要是耗材上的價格落差。

費用陷阱

陷阱❶ 地面夾板實際鋪的厚度跟估價單上不同，但若是**鋪好後才去現場驗收，就很難發現**，所以找有信用的設計師與工班才有保障。

陷阱❷ 小心是否多估材料費用。一般都是以設計師或師傅現場估算需要使用的材料量，而實際使用、耗材應要求盡量精確，避免多花不必要的建材費用。

陷阱❸ 超耐磨地板的價位要視其密度、抗潮係數、真實感以及無毒等級、耐磨性等幾個方面而定，不同地區、或是具備特殊處理都會影響價格，估價單上也應標示品牌。

陷阱❹ 鋪設之前要檢查地板的規格尺寸是否與估價單標示產品相同。

陷阱❺ 如果是自己發包的屋主，記得詢問估價單內的費用是否含收邊、施工費用，另外，木地板板材數量也會多加 10 ～ 15% 的耗損量。

圖片提供 © 劉同育空間規劃

09-① 室內木地板

『保持好通風與潮濕，木地板才會用得久』

Dr.Home 良心話

木地板最怕潮濕，實木一潮濕就發黑、塑膠地板一潮濕就不黏；即使是感覺最勇健的超耐磨地板碰到濕也是束手無策、膨脹給你看，而防潮防腐的南方松又怕防腐藥劑帶來的妨礙健康問題，所以除了挑選適合自己價格與質感的產品外，更要定期除濕、清潔，保持通風，才是長久之計。

地面要先整平才能鋪

塑膠地板	多少錢？約 **NT.1,200** 元/坪（2mm）

約 **NT.1,800~2,800** 元/坪（3mm）

什麼時候用？

塑膠地磚價格相對較便宜，質感比較人工、不自然，大多用在公共區域；現在市面上也有仿木紋的塑膠地板可供居家使用。

小心施工！

1. 塑膠地板多以直鋪為主，但因為材質本身較軟，地面凹凹凸凸會格外明顯，記得地面先整平再貼，否則會造成波浪與不平整的情況。

2. 施工完畢之後要做均勻的壓面處理，以保材料與地面確實結合。

3. 高級的塑膠地板價格也不低，需注意的是即使是標榜耐刮的塑膠地板，因為表面處理與材質特性，多少還是會有黑色刮痕產生。

4. 施工後要做擦膠清潔。

圖片提供 © 劉同育空間規劃

家有寵物、小孩最適用

超耐磨木地板

多少錢？約 **NT.5,500~7,000** 元/坪（平鋪）

架高： 約 **多 NT.1,500** 元/坪

直鋪： 約 **少 NT.700** 元/坪

什麼時候用？

超耐磨地板是將類似美耐板的板面熱壓於密底板上組合而成，因使用的材料是可回收的木屑，極具環保概念。表面耐磨性高、易清潔，格外適合有寵物、孩童的住家。

小心施工！

1. 超耐磨地板的漂浮式施工，是直接在防潮布上、用企口方式連接板材，毋須使用釘槍，不會破壞地板本身，亦可拆除重覆使用。

2. 容易發生因加工不良而產生翹邊，造成割傷的情況，邊緣要做好收邊處理。

3. 一般超耐磨與海島型超耐磨地板，表面材相同，中間材料前者為密底板，而後者是夾板材質，所以海島型超耐磨地板會比較不怕潮濕。

4. 非海島型的密集板材質，因板材會熱脹冷縮，邊緣需留 8mm 的縫隙。

估價單有雷！

超耐磨地板品牌的耐磨度、抗潮係數、無毒等級都不一樣，有些品牌之間的落差就會將近 NT.2,000 元左右，所以估價單上應該註明使用的品牌，進場時也可比對是否正確。

圖片提供 © 劉同育空間規劃

項次	項　目	單位	數量	單　價
1	進口比利時 *** 品牌北美橡木（自然透氣漆地板）	坪	30	
2	木地板施工（含 5 分夾板及地板保養及完工後貼保護板）	坪	30	

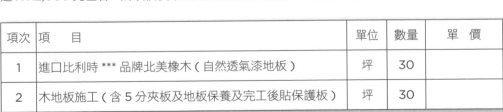

3578	[一]木作工程				
3579	平鋪超耐磨地板	坪	13	5500	71500

1 拆除
2 水電
3 鋁窗
4 泥作
5 空調
6 木作
7 系統櫃
8 油漆
9 木地板
10 大理石
11 玻璃
12 鐵件 & 五金
13 廚具
14 衛浴
15 燈具
16 窗簾
附錄

有刮痕可以刨過再上漆

實木地板

多少錢？約 **NT.8,000~18,000** 元 / 坪

什麼時候用？

實木地板倍受青睞的原因在於觸摸質感佳，比其他木地板來的扎實，又具備獨一無二的紋理表情。若保養得宜，使用了幾年後若有刮痕或損傷，可以刨過再上漆面就又跟新的一樣，一般六公分厚的實木地板可以刨個四次左右。

圖片提供 © 劉同育空間規劃

小心施工！

1. 實木地板主要以材質區分價格，來源稀少的價格就高。橡木、柚木是比較常見的材質，價格約落在 NT.6,000 ～ 7,000 元一坪；雞翅木、黑檀就屬於高價材質。

2. 實木紋理佳、質感好，但卻是地板類中最難保養的，而且又有砍伐樹木的環保問題。

3. 實木地板分為平鋪與架高兩種，需要打釘子固定。

4. 原則上應避免不同批次的實木用在同一空間，因為在其企口的大小與色澤上都會有影響。

厚度越厚越耐用

海島型木地板

多少錢？約 **NT.8,000~13,000** 元 / 坪

什麼時候用？

海島型木地板就是夾板上面鋪貼 2mm~3mm 的實木，由於夾板膨脹係數低，是相對耐濕能力較好的木地板材料。缺點是表面並不耐磨，所以若不是非實木面材不可的話，可考慮選用海島型超耐磨地板，能有較優異的防潮、耐磨表現。

小心施工！

1. 一般常聽到 200 條就是 2mm，300 條就是 3mm。當然也會有超薄如 60 條的面材，但實在太容易破皮了，非常不建議使用。

圖片提供 © 甘納空間設計

2. 邊緣的實木層與夾板應緊密結合。地板施工之後，注意邊緣是否有實木層與夾板剝離的情況，若有則要求工人重做。

3. 夾板要密實，如夾板密度太鬆則著釘力會很差。

作

7 系統櫃

8 油漆

9 木地板

10 大理石

11 玻璃

12 鐵件 & 五金

13 廚具

14 衛浴

15 燈具

16 窗簾

附錄

09-② 戶外地板

『確保施工準確會更耐用』

戶外建材除了依預算、需求選擇外，建議用不鏽鋼螺絲鎖住，會比釘合相對安全許多，尤其戶外板材容易變形，哪天生鏽的釘子跑出來跟你 say 哈囉，就來不及了！

鎖螺絲才能避免變形

南方松木地板	多少錢？約 **NT.7,500~8,000** 元／坪（連工帶料）
	約多 **NT.300~500** 元／坪（含護木油）

✌ 什麼時候用？

南方松要達到抗腐防潮效果，要把藥劑注入木材內，延緩腐壞速度，所以適合使用在戶外地板與庭園傢具，一來耐候性佳，二來防腐藥劑在通風處對人體的危害也沒有用在室內來得大。

🔨 小心施工！

1. 碳化木是南方松、雲杉經過高溫處理的木頭，去除木頭內部的水分與養分、達到吸水性低、防腐效果，因為沒有使用藥劑，自然是比一般南方松環保許多，但易有裂痕是最大缺點。

2. 因為南方松在戶外日曬雨淋、變形量很大，要使用不鏽鋼螺絲固定，避免使用釘合方式，避免變形後板子被拉開造成危險。

圖片提供 © 雲閣育空間規劃

質地硬，加工難度高

鐵木地板　　多少錢？約 **NT.9,000** 元 / 坪

✌ 什麼時候用？

鐵木較南方松質地更硬，呈現深咖啡色，耐腐、甚至可以當結構材，是適合用在戶外的耐候建材，需小心龜裂問題；價格不穩定。

✎ 小心施工！

1. 鐵木因為很硬，所以加工難度較高。

2. 會流樹液，不易清理。

3. 上螺釘或鐵釘時應先予鑽孔，否則易發生劈裂；膠合時，膠合層易脫膠。

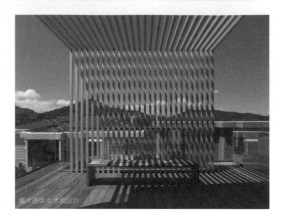

圖片提供 © 水相設計

Dr.Home 小提醒

做完了！看這裡

1 要確認接縫是否會過緊或結合不一致，間接造成聲響或觸感不同。

2 確認是否鋪平，踩踩看是否會發出異聲。

3 表面是否有破損、刮傷。

監工要注意

1 夾板式材質，多以釘合式施工。密集板施工則以貼膠式較多，若使用貼膠式的工法，施工時要避免撕開重新再貼。

2 超耐磨是由密底板組成的，密底板本身吸水性強，故建議選用防潮係數高的地板，抗潮性較佳，避免因吸收過多水份造成膨脹變形。

3 超耐磨木地板價錢便宜、耐磨之外，也好整理、無接縫，因其為木屑加工而成，木質成分少，比較不易燃，防火性較佳，更能減少木材砍伐。

4 由於實木地板可能會遇到以劣質樹材經過染色加工仿高價位樹材，賺取中間差價。施工時如現場切割後發現非天然實木，要立即停工換貨。

木地板工程費用一覽表

項目	計價方式	附註
超耐磨木地板	NT.5,500 ～ 7,000 元 / 坪（平鋪） 架高：多 NT.1,500 元 / 坪 直鋪：少 NT.700 元 / 坪	最實用
塑膠地板	NT.1,200 元 / 坪（2mm） NT.1,800 ～ 2,800 元 / 坪（3mm）	低預算選這種
實木地板	NT.8,000 ～ 18,000 元 / 坪	
海島型木地板	NT.8,000 ～ 13,000 元 / 坪	室內最防潮
南方松木地板	NT.7,500 ～ 8,000 元 / 坪（連工帶料） 另加 NT.300 ～ 500 元 / 坪（含護木油）	戶外最常見
鐵木地板	NT.9,000 元 / 坪	加工難度高

1 拆除
2 水電
3 鋁窗
4 泥作
5 空調
6 木作
7 系統櫃
8 油漆
9 木地板
10 大理石
11 玻璃
12 鐵件 & 五金
13 廚具
14 衛浴
15 燈具
16 窗簾
附錄

掌握石材特性，六面防護程序不可省

▶ 大理石費用 Check!

這樣做最省錢

❶ 如**預算較有限，可在電視主牆之類的重點位置應用大理石**，透過聚焦式設計，可讓空間質感有效地獲得提升。

❷ 若不論花色等級，產量較少或礦區開採成本較高的大理石通常較貴。**想降低總預算者，可選用較常見的、產自本地或東南亞的石種**，或從類似花色的幾種大理石裡選擇價位較低者。

❸ **石材用量盡可能充份利用大板**。大理石通常講究紋理或色差，若某件做品用了 1.5 片大板，你只好買入兩片，剩下的那 0.5 片就只能當廢料，沒法要求石材商折價。所以，謹慎算好用量，能避免無謂浪費。

❹ **每塊大板的尺寸不一。尺寸越大，價格就越高**，相較之下，較小片的價格通常較有親和力。

費用陷阱

陷阱❶ 別用價格來當做選購的唯一標準！大理石的變化很豐富，同一石種可能會有不同質感，經過設計與加工還能呈現出變化更多的美感，勿以某種石材為尊。

陷阱❷ 整塊原石經工廠切割成一片片的石材（俗稱「大板」），從第一片到最後一片的花色表現都會略有差異。採購時最好能由經驗豐富的人去挑選。通常，**大板要選連號的，花色才會相近**。

陷阱❸ 網拍上比價易出問題。選大理石得透過親眼審視、親手觸摸，才能決定要哪幾片，千萬別光靠照片下判斷。

※ 本書價格僅供參考，實際價格以市場狀況而定。

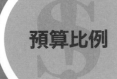

預算比例

1 **大理石工程的費用**，除了石材本身的價格，**還包含切割、水磨、防護等加工費、以及搬運與安裝的費用。**通常，買石材的花費佔去一半以上的比例。

2 大理石材的計價單位為「才」（30×30 公分），但**石材商的報價通常包含各種加工與運送的費用。**至於價錢是否含安裝，就得看該廠商的營業範圍。

3 屋主或室內設計師挑大理石，通常到石材場看大板（從原石剖下的原料）。購買也以整片的大板為單位。然而，**扣去瑕疵，再經過切割過程的耗損，一片大板實際能用到的面積通常只佔整片的 70% 左右。**

4 板料損耗率的高低，得看板材本身、設計規格、有無對花等條件而定。**切割越複雜，損耗率越高。**

千萬不能省

1 **選擇好的石材行與加工廠很重要。**撇除報價踏實的優點，專家也最熟悉石材的特性，可協助設計師或屋主判斷這塊石頭用在哪裡、該選用怎樣的加工方式才能達到怎樣的效果。

2 **加工過程的各種費用千萬不可省！**不管是切割、表面處理或磨邊，都會影響到後續的組裝品質與完工品質。

3 **加工廠將石材浸泡在藥劑的六面防護，能有效提生大理石防水、防霉的能力。**千萬不可省略這道工序；否則，光靠在現場做表面的單面防護是不夠的，日後很容易出現吐黃或發霉等問題。

4 **不建議為省錢而買入瑕疵品。**以裂痕來說，有時很可能會沒法磨掉或填補效果不佳。狀況輕微的裂痕有礙觀瞻，嚴重者還可能影響到機能或安全。

圖片提供 © 近境制作

10-① 石材種類

『大理石適合用公共空間；花崗岩適合用戶外』

Dr.Home 良心話

挑選石材可依使用的位置來決定，例如大理石材本身有毛細孔、容易吃色變質，一般多會用在公共空間，如果是水氣多的地方，如衛浴空間就建議用大塊也好清理的板岩，戶外或是外觀則使用耐候、質地硬的花崗石。

紋理獨特有質感

大理石	多少錢？約 **NT.380~1,100** 元 / 才

圖片提供 © 水相設計

✌ 特色是什麼？

因地球的造山運動所形成的石材，具有獨特的紋理，適合作為地坪和主題牆面使用。

⚒ 小心施工！

1. 地面必須用乾式軟底施工，內牆基於防震的考量，以濕式施工法為主。
2. 鋪貼壁面時，則使用濕式施工法，用 3~6 公分夾板打底，黏著時較牢靠，可以增加穩定度。

薄片玉石有透光效果

玉石	多少錢？約 **NT.380** 元 / 才

圖片提供 © 水相設計

✌ 特色是什麼？

石材類中，造價最昂貴的石材，通常運用在視覺主牆或傢具，擁有如玉般的質感，薄片玉石還會有透光的效果。

★ 使用建議！

1. 玉石屬高價位石材，建議規劃為主題式牆面，方能彰顯高雅氣質。
2. 玉石牆面後方可增加燈光設計，藉由透光特性展現獨特的光影氣氛。

硬度高，耐候性佳

花崗岩

多少錢？約 **NT.250~300** 元 / 才

✎ 特色是什麼？

花崗岩的吸水率低、耐磨損，價格相對便宜一點，適合作為地板材和建築外牆，不過花崗石的花紋變化性比較單調。另外，根據表面燒製的不同，可分成燒面和亮面，燒面的表面粗糙不平，摩擦力強具止滑效果，建議可用於浴室。

✎ 小心施工！

1. 多以乾式施工、水泥砂施工為主。

2. 鋪設顏色較淺的花崗石材時，要特別注意挑選品質良好的防護膠和防護粉，避免在施工過程中讓花崗岩受到汙染。

圖片提供 © 水相設計

質樸粗獷，有自然感

板岩

多少錢？約 **NT.250~300** 元 / 才

✎ 特色是什麼？

因地球的造山運動所形成的石材，具有獨特的紋理，適合作為地坪和主題牆面使用。

✎ 小心施工！

1. 牆面施工必須由下而上，保持水平，上下二層交錯，應避免垂直縫隙。

2. 黏著材料要以適當的水與濃稠度適中的灰漿調和，再使用專用的黏著劑或AB膠。

圖片提供 © 禾築設計

1 拆除
2 水電
3 鋁窗
4 泥作
5 空調
6 木作
7 系統櫃
8 油漆
9 木地板
10 大理石
11 玻璃
12 鐵件＆五金
13 廚具
14 衛浴
15 燈具
16 窗簾
附錄

10-② 石材加工

『用對加工方式，才能展現石材的價值和美感』

Dr.Home 良心話

大理石經過打磨可顯現優美的紋理，因而得名。全球各地出產的大理石共計上百種，每種的成分與特性不盡相同；再輔以不同工法，可展現出多種樣貌。大理石的單價比木作、玻璃或鐵件來得高，唯有掌握材質特性、熟稔工法，才能發揮優點、展現超值效果。

石材對花、邊角都要在切割時溝通好

切割	多少錢？**一般切割** 約 **NT.55~70** 元／才
	水刀切割 約 **NT.480~600** 元／米
	V 型溝水磨 約 **NT.420~550** 元／米

該怎麼做？

當平面或立面的設計圖確定之後，大理石商的放樣人員就可照圖面來估出石材用量，並將選用的大板石材再進一步地切割成指定的尺寸並加以磨邊。若要板材對花或做出某種邊角，都要在此階段就與工廠溝通好。

圖片提供◎近境制作

整牆的木作櫃在表面貼覆天然大理石。厚約3mm的薄版石材不會因自身重量而造成櫃體負擔。不規則分割的塊面主要是展現紋理，每一片刻意不對花以避免呆板。

小心施工！

1. 一般而言，大理石的平均硬度為莫氏 3 度，通常用鑽石砂輪機來切割。但有些石種硬度很高或內含結晶而易破損，就得使用電腦水刀機，以防切口出現破損。

2. 切割費以長度乘厚度來計算，業界通常使用「才」（30×30 公分）為計價單位。

3. 天然大理石的紋理變化多端，再加上切割過程必有耗損，當進行大面積拼貼時，除非原石能裁出夠大的板材，否則很難讓每塊的紋理皆能完全銜接。

4. 石材可裁成厚僅幾公釐的薄板，也可分成厚塊。近年流行的薄版石材就是運用特殊技術從天然原石切出厚僅 3mm 的板材，因重量大幅減輕，故可用在各種櫃體、木作牆，甚至貼在天花板。

先標出石材基準線再上膠

拼貼

多少錢？約 **NT.50~120** 元 / 才（地坪無縫拼接）

1 拆除
2 水電
3 鋁窗
4 泥作
5 空調
6 木作
7 系統櫃
8 油漆
9 木地板
10 大理石
11 玻璃
12 鐵件＆五金
13 廚具
14 衛浴
15 燈具
16 窗簾
附錄

該怎麼做？

在工地現場安裝大理石，地板或牆壁得先用水泥打底（木作則要確保表面平整、乾燥），再按照設計圖，於底座的表面標出每一塊石材的基準線，然後上膠或鎖五金；最後，再按順序一塊塊地貼上石材。

圖片提供 © 近境制作

薄版大理石做梯狀分割，兩兩相銜的大面積石材帶有鮮明紋路，對拼成千鳥紋般的圖案。版材之間還鑲嵌金屬條以強調塊面的形狀。

小心施工！

1. 整道大理石主牆，其實也都是由較小的塊面來拼成。由於大片的石材貼覆的黏度較差，且提高運送風險，故通常裁成小一公尺見方的尺寸。

2. 大理石工程常需配合木作、鐵件等工種。比如，木工師傅得配合大理石構件來打版，門窗等工程也相同。在結合異種材質時，得考慮不同材質的特性，並留意不同工班的施工精準度。

3. 通常，大理石牆的背後就是 RC 水泥磚牆。當石牆表面另有附加物體時，應由 RC 底座來支撐。

4. 在現場進行鑽洞時，要注意機具的力道與速度，鑽孔才不會破裂。所以，鑽頭的硬度要夠，否則會很容易鑽裂石材。

5. 無論要展現勾縫或做無縫拼貼（實際仍留有伸縮縫），填縫劑的顏色都要與石材一致。若選用花色對比較強的石種，填縫劑要隨時跟著調色，該黑的地方就黑，該白的就白。

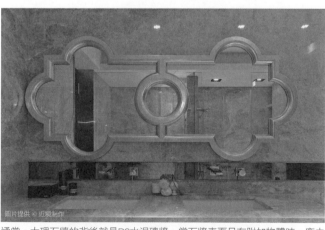

圖片提供 © 近境制作

通常，大理石牆的背後就是RC水泥磚牆。當石牆表面另有附加物體時，應由RC底座來支撐。圖中的鏡面造型浴櫃，以穿過大理石面材的五金來將櫃體鎖進磚牆結構。

六面防護最安全耐用！

防護	多少錢？約 **NT.60~80** 元/才（大理石廠六面防護）
	多少錢？約 **NT.45~55** 元/才（施工現場單面防護）

該怎麼做？

除了運輸過程要包裝做防護，石材本身也要做一些處理以預防病變。由於大理石的主成份是石灰質，容易吸收濕氣或受到水泥的影響，或者石材內含鐵質較多又與水氣產生反應，出現水斑、鏽斑、吐黃或吐白華等問題。

小心施工！

1. 在水泥牆安裝時，大理石材的背面要做一層防護膠，以免遭水泥成份侵蝕。由於大理石材在受到濕氣、水泥內的礦物成份侵入之後會膨脹，這道防護也可確保面材能緊密黏結底牆。

衛浴間從牆面到洗面台，全貼覆大理石。選用結晶含量高的深海黑，石材本身不易吸收水氣。切割成不同尺寸的板材，從工廠運往施工現場也都加上木作夾板等防護層來避免破裂。

2. 應用在常碰水或濕氣較高的地方，大理石材除在安裝完成後於表面塗刷撥水劑，最主要的防水做用，仍是得靠在石材廠用藥劑浸泡的「六面防護」。

3. 大理石材在工廠切割成不同的尺寸與形狀，再運往施工現場進行安裝。從工廠運往工地時，當大理石材的後方會附上一層木作夾板來做防護，以防在運送過程中出現破損。

此空間的電視主牆選用雕刻白大理石，用純白來呼應地坪與中島的純白色。安裝時特別注意石材背面的防護處理，避免日久吐黃或出現鏽斑。

石材每半年要進行拋光！

表面處理

多少錢？晶化處理 約 **NT.1,350~1,650** 元/坪

拋光打磨 **NT.1,800~2,700** 元/坪（涵蓋不同的拋光程度）

⚙ 什麼時候用？

早期用大理石來裝修，表面質感只有亮面，現在則多了粗面、霧面（復古面）等選擇。當時用打蠟來養護大理石的手法，不僅讓石材無法透氣而促發病變，更不適合用在非亮面的石材。

由黑金峰大理石打造的電視主牆，鏡面處理的效果更能彰顯出簡約空間的大器與貴氣。

完工後，大理石鋪面的日常保養很簡單，只要掌握掃乾淨的最高原則即可。地板因落塵量大且常被踩踏，需定期養護。牆柱等立面，偶爾擦拭就行了。

🔨 小心施工！

1. 大理石材的表面防水處理，主要靠晶化處理讓石頭裡面的分子產生晶結，就能避免水氣沁入石材。

2. 拋光效果也要看應用的位置而有程度之分。牆面則可有較多的選擇，從保留粗獷肌理的粗面到光亮如鏡的鏡面，或者，做出柔和反光的復古面（霧面）。室內地坪為便於打掃，多選用亮面，但也不可做得太光滑而使人摔倒。

3. 完工後，平時只要擦去表面的細沙、灰塵，避免它們磨損石材。每半年定期拋光，甚至做晶化處理以提高表面的強度。若有嚴重磨損，則要請石材美容廠商來刨除表層，重新研磨。

桌面用圓角，牆面多用 V 字溝

邊角	多少錢？約 **NT.12~20** 元／公分（涵蓋各種倒角的價位）

✌ 該怎麼做？

石材可磨出不同形狀的邊角。通常得按照板材的應用位置與拼貼手法來選擇磨邊的樣式。板材的邊角可倒（導）出不同斜度或曲線，或僅在靠近邊緣處勾勒幾道裝飾凹槽。轉角處的板材倒45°角可做出無縫拼接，也可刻意不接滿。

✎ 小心施工！

1. 桌檯面用的大理石材除了垂直的平面板材，也常會在邊緣修整出 1/2 圓角、1/4 圓角、倒角，較厚的板材還可修出法國邊或鴨嘴邊。

2. 牆面用的石材，依板材邊緣的角度跟拼組工法，常見的溝縫表現是寬約 3mm 或 5mm 的 V 字溝；若採背切 45 度的方式來相接，就成了無縫拼貼。

Dr.Home 小提醒

做完了！看這裡

1 在安裝之前，先確認工廠的加工品質。比如，要求對花的設計應檢查板材之間有無走花（紋路不連貫）；還要注意板材有無出現切割導致的裂痕，拋光度是否正確。

2 安裝完畢，最好能確認貼工的品質。接縫處應平直，鋪面應平整、表層高度沒有落差；面材的黏貼牢固，相連的兩塊也不宜出現明顯色差。

3 若選用花色鮮明的大理石，比較講究人，最好能確認填縫材質有無跟著面材來調整色彩。

監工要注意

1 大理石地板，因材質容易被樓地板的水氣影響。倘若石材含鐵成份較高，日久，侵入的水氣與鐵質成份結合，會出現鏽斑。若地面很潮濕，甚至會有白華現象。

2 每種大理石的成分不太一樣，硬度、吸水率也不同。像是泰國黑隕石（黑寡婦），在切割時很容易出現雞爪紋，而一些白色系的大理石，如雪白銀狐、義大利白、雕刻白，通常含鐵質成份較高，這些石種都不適合用於潮濕或經常受到水氣之處。

3 在浴室應用大理石，應挑選玻璃質（結晶）含量高的種類，石材本身吃水性低，就可大幅減少因毛細孔常年吸收水氣而發霉、變色。

大理石工程費用一覽表

項目	計價方式		附註
石材	NT.300 多～ 1,000 多元 / 才	購買選材要注意	石種與花色等級都會影響價位 買連續號碼(相鄰)的板料才能對花
切割	NT.55 ～ 70 元 / 才		鑲嵌圖騰的切割要選裁切更精準的水刀
邊角	NT.12 ～ 20 元 / 公分		價位依工法不同而定
運送包裝	NT.4200 ～ 5300/ 趟 (北部廠商到北部工地的價碼)		若不能進樓梯,得另加吊車的支出
安裝貼工	NT.50-120 元 / 才	施工要注意	貼工約可分為乾式和濕式。木作櫃體或木作牆採乾式施工。水泥地板或水泥牆壁多為濕式施工,要重做水泥打底。
背面防護	大理石廠六面防護 NT.60 ～ 80 元 / 才 施工現場單面防護 NT.45 ～ 55 元 / 才	可防霉變	
石材美容	拋光打磨 NT.1,800 ～ 2,700 元 / 坪 晶化處理 NT.1,350 ～ 1,650 元 / 坪	半年作一次	

※ 大理石工程較無南北費用差異。

1 拆除
2 水電
3 鋁窗
4 泥作
5 空調
6 木作
7 系統櫃
8 油漆
9 木地板
10 大理石
11 玻璃
12 鐵件＆五金
13 廚具
14 衛浴
15 燈具
16 窗簾
附錄

厚度、加工是玻璃計價關鍵

千萬不能省

① **玻璃若要做隔間材等大面積設計，最好經過強化膠合處理**確保安全，這樣即使破裂也比較不會造成傷害。

② **隔間可以用 5mm+5mm 光玻璃做膠合玻璃**，如果要**透光又不要透明就用白膜膠合**，因為強化玻璃最脆弱的地方是四個角落，用力撞擊四個角落的地方還是會破成顆粒狀掉下來，膠合過的話，玻璃只會裂但是碎片還是黏在一起不會掉下來。

③ **壁面與貼面施工要確實測量水平**，同時注意黏著的方法與黏著用品的耐用度。

④ **倒吊玻璃時，除了黏貼以外，還要在四週用安全鎖扣，或是用化妝螺絲等五金固定住**，不然整塊玻璃掉落會非常危險。

▶ **玻璃費用 Check!**

$ 預算比例

① **玻璃是以「才」為計價單位。**

② **玻璃計價是「單點」不同厚度的清玻璃後，再「加價購」你所要的加工方式。**例如：清玻璃＋磨砂＋強化＋磨邊、清玻璃＋烤漆＋強化＋磨邊等。

③ 鏡面玻璃是另一個單點的主菜項目，依不同的**鏡面顏色而有不一樣的價格，最貴的是灰鏡，再來是茶鏡、墨鏡。**

④ 除了窗戶，住宅裝潢可以完全不用到玻璃，但也可**大量使用在主牆、傢具、面材上，呈現極端的比例佔比。**

價格常識

❶ **10mm 厚的清玻璃作強化處理價格最經濟**，同時能符合玻璃隔間最基本的安全、強度需求。

❷ **超白玻璃比一般清玻璃貴三倍，**每才會來到 NT.350 ～ 450 元。

費用陷阱

陷阱❶ 玻璃是否經過強化處理，除非破裂不然很難用肉眼判斷，有時角落會有浮水印註明，但並不一定準確，還是找有信譽廠商比較有保障。

陷阱❷ 玻璃價格是由尺寸、厚度、加工手法、數量所決定，所有使用不同的玻璃建材應該仔細註明，事後才能有核對的根據。

陷阱❸ 壁面烤漆玻璃安裝完成後是無法再鑽洞開孔，因為廚房牆面的烤漆玻璃由於有熱度的問題，通常都會強化加工，而玻璃經過強化處理，要開孔挖洞都必須在玻璃送去工廠強化之前進行，**因此事前與施工單位溝通好預留的插座等位置，一但疏忽又得多花錢。**

圖片提供 © 演拓空間設計

147

11-❶ 玻璃材質

Dr.Home 良心話

『玻璃用途廣，可放大視覺效果，局部搭配用就好』

玻璃的種類很多，但基本上都是透過加工方式產生千變萬化的面貌，基本的玻璃材質以清玻璃、鏡面玻璃為主，可用於面材、照明輔助、主牆材質、隔間材等，用途多元。

透光性佳能放大空間

清玻璃（光玻璃）

多少錢？ **3mm** 約 **NT.50~60** 元／才

5mm 約 **NT.60~70** 元／才

8mm 約 **NT.90~100** 元／才

10mm 約 **NT.120~130** 元／才

什麼時候用？

清玻璃是接下來加工手法的計價基礎，又稱為光玻璃，厚度有3、5、6、8、10、12、15、19mm。通常用作隔間的厚度約10mm 左右；用在扶手上則建議需 12mm 以上；若是一般玻璃層板，選用 8mm 的就可以了。

圖片提供◎演拓空間設計

小心施工！

1. 清玻璃或透明、白色的烤漆玻璃，其實並非是純白色或透明，而是帶有些許綠光。

2. 超白玻璃則是去除微量雜色，降低玻璃中的氧化鐵，從正面或是側面觀察，沒有一般平板光玻璃會有偏綠色的缺點，同時還有更高的可見光透射率和透明度。由於價錢較高，一般多用在商業空間的專櫃玻璃層板，厚度有 5mm、6mm、8mm、10mm，可做強化處理以厚度 5mm 的超白玻璃來說，已經比一般厚度 5mm 的光玻璃貴上 3 倍以上。

3. 廚房爐灶面板或浴室隔間若使用玻璃面板，由於表面容易留下水漬，建議要盡量保持乾爽、用完即擦，較容易保持表面的清潔感，或者也可以另外選用單價較高的防潑材質，這樣清潔上會方便許多。

1 拆除

2 水電

3 鋁窗

4 泥作

5 空調

6 木作

7 系統櫃

8 油漆

9 木地板

10 大理石

11 玻璃

12 鐵件＆五金

13 廚具

14 衛浴

15 燈具

16 窗簾

附錄

裝飾效果強，又有反射效果

鏡面玻璃	多少錢？明鏡 約 **NT.95~105** 元/才
	墨鏡 約 **NT.145~150** 元/才
	茶鏡 約 **NT.165~175** 元/才
	灰鏡 約 **NT.210~220** 元/才

什麼時候用？

1. 鏡面玻璃的清透感能夠有效達到放大空間視覺。乾淨的線條與材質獨有的光澤感，呼應虛實對比的錯覺魔幻氛圍，勾勒出多元卻俐落的居家輪廓。

2. 一般當作鏡子用的明鏡還有經過防蝕處理的防蝕鏡，尤其在浴室潮濕的地放方或是想增加使用年限，則建議使用防蝕鏡，一般用 5mm 或 6mm 厚度。

圖片提供 © 演拓空間設計

3. 鏡面玻璃除了明鏡有 3mm 的外，其他都是用 5mm 光玻璃去作成其他鏡面的效果，所以其他的鏡面玻璃都是 5mm 以上的。

小心施工！

1. 鏡面有「茶鏡」、「墨鏡」、「明鏡」、「灰鏡」等多種選擇，可依想呈現的空間風格做選擇。

2. 將含有銀微粒或是鋁微粒的亮面鍍膜，使用在茶色玻璃上就成為「茶鏡」。最大的好處就在於具有普通鏡面的折射效果，又因偏暖色系調和空間的冰冷，可讓空間調性看來更趨和諧。

玻璃種類比較

材質	特色	優點	缺點
清玻璃	基本款，完全透明透光。	**價格便宜**	單品變化少
噴砂玻璃	以噴砂技術呈現霧面朦朧質感。	**兼具透光與不透視性；創造朦朧美感又不會犧牲亮度與照明。**	清潔不易
鏡面玻璃	玻璃與鏡的結合。	**具反射效果，能創造更寬闊視覺感受。**	需常清潔保養

11-② 玻璃加工

『利用不同的加工方式，可以提升玻璃的安全性和功能性。』

Dr.Home 良心話

玻璃經由加工處理，可創造不同的功能與裝飾性，例如透過強化的加工處理，可以增強玻璃的強度，降低玻璃破裂後所造成的傷害；利用噴砂加工，就能讓透明隔間變成霧面效果，而經過膠合處理的玻璃，在隔音上也比一般玻璃來得好。

可透光又保有隱私性

噴砂加工	多少錢？約 **NT.50~60** 元／才（沾手）
	約 **NT.85~95** 元／才（不沾手）

什麼時候用？

1. 噴砂玻璃具透光性同時具備視覺隱密效果，因此可作為空間屏障、創造霧面神祕氛圍而不顯壓迫。噴砂玻璃清潔不易，選擇時可挑選不沾手的加工方式。

2. 噴砂玻璃還有一個好處是可以依圖樣做局部噴砂而有不同的圖案效果。不過噴砂玻璃基本上還是太透明，如果有顧忌的話，還是不太適合用來做浴室隔間外牆。

3. 噴砂的不沾手處理要儘量用在無水潑的地方，不然會有一定的時效性，不是做過一次處理後就永久有效。

4. 噴砂玻璃的效果也可以用卡點西德代替，好處是不粘手，樣式選擇多，以後要更換做不同的選擇也方便，但是以單純做整面噴砂的效果來說，卡點西價格較貴一些。

圖片提供◎雲墨空間設計

小心施工！

1. 噴砂玻璃較麻煩的是保養不易，噴砂面容易殘留灰塵，用乾布擦拭亦可能留下毛屑。

2. 使用噴砂玻璃時，可以選擇防污或無手印處理產品，降低清潔的難度與時間。

3. 可分為兩種形式，一種是將整片清玻璃噴砂，呈現出霧面質感，另一種則是先在清玻璃上，以卡典西德自黏貼紙貼好圖案後再噴砂，呈現出花紋造型。

4. 確定好噴砂的圖形、比例、避免所謂的「顛倒」情況發生，並要避免有色的污漬附著在砂面，事後難以清潔。

安全、隔音的首選

膠合加工

多少錢？約 **NT.150~170** 元/才（工資）

什麼時候用？

膠合玻璃價格是兩塊玻璃價格加上工資的加總；兩塊玻璃厚度可以不同、當然也可以是強化處理過的玻璃。膠合玻璃是兩片玻璃中夾著強韌、高黏著力的薄膜，破掉時碎片通常也會呈現一整片狀態，所以相對較為安全。可用於窗戶、採光罩以及各式裝飾建材傢具。

圖片提供 © 演拓空間設計

小心施工！

1. 膠合玻璃中，在兩片清玻璃間平夾一片紗狀物質就稱為「夾紗玻璃」；若夾入樹脂中間膜則為「夾膜玻璃」，也可視需求夾入捲簾、宣紙、布料等。

2. 膠合玻璃因有雙層玻璃加上中間隔膜牢牢黏結，所以較難擊破闖入，同時也具備良好隔音效果。

色彩鮮豔選擇多

烤漆加工

多少錢？約 **NT.250~280** 元/才（特殊色會另外加價）

什麼時候用？

烤漆玻璃主要是在玻璃的背面再上一層漆底，所以能具有多種色彩。透過強化處理，能耐高溫、增加使用安全，同時具備玻璃材質無縫隙不卡油汙的優點，所以很適合用在廚房壁面與爐台壁面。

圖片提供 © 幸福生活研究院

小心施工！

1. 使用在廚房、浴室壁面的烤漆玻璃，要特別注意漆料附著強度，因為溫熱、潮濕的環境會使漆料脫漆、落漆。

2. 安裝烤漆玻璃要注意玻璃和背後漆底重疊後呈現出來的顏色，才能避免色差產生。

3. 廚房合理的安裝的順序為，先裝壁櫃、烤漆玻璃、再裝上烘碗機、抽油煙機與水龍頭。

磨過之後更美觀安全

光邊加工	多少錢？約 **NT.40** 元／尺 (3mm)
	約 **NT.65** 元／尺 (6mm)
	約 **NT.80** 元／尺 (8mm)
	約 **NT.100** 元／尺 (10mm)

什麼時候用？

光邊主要是在玻璃或鏡子邊上磨出小斜角，由於兩片玻璃或鏡子分段交接的地方會露在外面，打了小斜角等於做個勾縫一樣比較美觀，另外，磨過光邊後，玻璃的週邊也比較不會刮傷手。

這樣可以省！

如果要省錢，可以在沒有露出來的玻璃或鏡子周邊打上矽利康，但是如果衛浴空間就不建議這樣做，如果通風不佳，矽利康也會容易發霉。

小心施工！

1. 玻璃與木作側面做結合，可以請木工在與玻璃交接的地方預先留下溝縫，這樣讓矽利康可以打在溝縫裡，或是玻璃在結合木作的時候，可以插入木作裡，外面就不會看到矽利康比較美觀。

2. 如果玻璃直接黏貼在木作的表面，像是做鏡面的門片，而又不做側面收邊的框時，在木作門片表面要做一個厚度的框，讓木作門和玻璃中間有一個落差，這樣矽利康可以打在裡面，玻璃黏貼在木作門的表面時，才不會因為打了矽利康而產生木作和玻璃之間的縫。

玻璃和木作結合的時候，可以打斜角避免交接的時候露在外面。

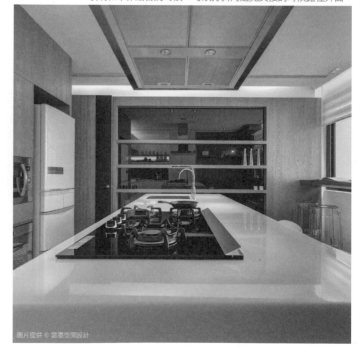

1 拆除
2 水電
3 鋁窗
4 泥作
5 空調
6 木作
7 系統櫃
8 油漆
9 木地板
10 大理石
11 玻璃
12 鐵件&五金
13 廚具
14 衛浴
15 燈具
16 窗簾
附錄

五金種類決定挖孔大小

鑽孔加工　　多少錢？約 **NT.100~110** 元/才（工資）

什麼時候用？

舉凡插座挖孔、或是安裝玻璃五金的時候都會面臨需要鑽孔加工，但是多大多小的尺寸，必須視五金的種類而定。

小心施工！

1. 要挖洞的邊緣一般最好不要小於 5 公分，否則玻璃容易裂開。

2. 一旦強化過後的玻璃就不能再做鑽洞或挖孔，所以哪裡要挖洞或是鑽孔要事先注意。

3. 基本上要挖洞和鑽孔的玻璃就一定要強化，因為玻璃的強度會被破壞，鑽孔和挖洞即使是玻璃廠商也自己也不能完全清楚的報價，要他們送去工廠後，工廠會依材數，厚度和玻璃種類來評估風險才能清楚報價所以因為一每次的做法不同會有不同的報價。

4. 玻璃挖洞外露的話，一般施工法挖洞的邊緣會變成霧面較不美觀，如果希望也是透明清澈的表面，則要用 CNC 水刀切割，價錢也是要以大小及玻璃的材質和面積，由工廠評估風險後再請玻璃廠商報價。

估價單有雷！

玻璃工程涉及 "加工" 的費用，常見包括磨光邊、鑽孔，這二種的計價單位分別是尺、個，確認估價單的時候一定要特別注意。

圖片提供©演拓空間設計

抗衝擊力優最安全

| 強化加工 | 多少錢？約 **NT.65~850** 元／才（視厚度、種類而定） |

🖐 什麼時候用？

強化玻璃只要局部受損，整體會一起碎裂。碎片不易四處飛散，會成為大片的碎片聚合塊，且破碎面較不銳利，減輕對人體的傷害，所以建議家中的玻璃建材最好都經過強化加工。

🔨 小心施工！

1. 強化玻璃就是將玻璃加熱接近軟化時，再急速冷卻，使其具有抵抗外壓的效果，因此抗衝擊能力較優，增加使用安全。

2. 強化加工過程會產生不同程度的波浪痕跡，經過強化之後，不適合再做其他加工如切割、挖洞、噴砂或倒角。

3. 強化玻璃的四個邊角怕受到撞擊，要盡量避免以免產生爆裂或變形。

Dr.Home 小提醒

做完了！看這裡

1 所有玻璃製品在運送抵達時第一動作是進行破損檢查，先看整體平面是否完整，色彩或通透度與當初樣本差異不能太大，最後查看收邊、收邊是否修邊完整，並且無裂、無刮痕。

2 若有需預留插座或吊掛孔洞，事前和施工單位溝通好，事後逐一確認是否施工確實。

3 施工完後，表面任何塗裝記號一定要擦拭乾淨。

4 由於噴砂為單面噴砂，要注意砂面的正反面方向。

監工要注意

1 玻璃的隔音效果佳，若想加強隔間的隔音效果，隔間的上下固定框要確實密封。

2 烤漆玻璃基本製作原理是將普通清玻璃經強化處理後再烤漆定色的玻璃成品，因此具有強化、不透光、色彩選擇多、表面光滑易清理的特性。

3 19mm 厚度以上的玻璃即為國外進口的。

玻璃工程費用一覽表

項目	計價方式	附註
清玻璃	3mm NT.50 ～ 60 元 / 才 5mm NT.60 ～ 70 元 / 才 8mm NT.90 ～ 100 元 / 才 10mm NT.120 ～ 130 元 / 才	
噴砂加工	NT.50 ～ 60 元 / 才（沾手） NT.85 ～ 95 元 / 才（不沾手）	
膠合加工	NT.150 ～ 170 元 / 才（工資）	最隔音
烤漆加工	NT.250 ～ 280 元 / 才	最多彩
強化加工	NT.65 ～ 850 元 / 才	居家安全最必要
明鏡	NT.95 ～ 105 元 / 才	
墨鏡	NT.145 ～ 150 元 / 才	
茶鏡	NT.165 ～ 175 元 / 才	
灰鏡	NT.210 ～ 220 元 / 才	
光邊	NT.40 ～ 100 元 / 尺	
鑽孔	NT.100 ～ 110 元 / 個	

1 拆除
2 水電
3 鋁窗
4 泥作
5 空調
6 木作
7 系統櫃
8 油漆
9 木地板
10 大理石
11 玻璃
12 鐵件＆五金
13 廚具
14 衛浴
15 燈具
16 窗簾
附錄

按照結構與用途選材，注意承重與耐用度

▶ **鐵件 & 五金費用 Check!**

預算比例

❶ 通常，業界慣用整件作品、連工帶料來計價。這是因為鐵件仍為客製化訂作，且每次設計都難以複製，再加上選用的材質、做工繁複與否都會影響成本；所以，**鐵件廠商必須要看到設計圖，才能估算大約要用掉多少材料、費多少工，最後再給個總價。**

❷ **鐵件材料**的價格要比木作材料來得高。但是，它的**切割、塗裝都在工廠進行，在工廠做的成本會比在現場施作來得低些。**所以，換算下來，相同東西用鐵件做或用木工做的價格並不會差太多。

❸ 以整個設計案來說，**鐵件工程**佔的預算比例通常不會很高，也許**只佔整筆裝修經費的 1／10 以下。**像是屏風、門片或造型櫃等多只扮演畫龍點睛的角色。

❹ 如果是**樓中樓**或**挑高**空間要做**夾層、鐵梯，會提高這方面預算。**

這樣做最省錢

❶ **預售屋**若要做鋼構樓梯，事前先**退掉傳統的RC 水泥樓梯，可省下**二次施工的**敲除費用。**

❷ 以訂製五金來說，**台灣的工廠也可生產媲美進口原裝的高檔貨；但，下單得要有一定數量才能壓低單價。**比如，全室採用相同型式的門片再搭配同一款把手，若整個案子用了 20 多支某一款把手，其單價絕對會比只用三、五支來得划算。甚至，可用較低價位享有獨家設計與不輸進口貨的優越品質。

千萬不能省

❶ 由於**鐵件工程牽涉的各環節都需要相當程度的專業，不建議**一般消費者**自行發包**。曾有人不透過室內設計師，自行找廠商做金屬屏風。結果，選用的鐵板太薄了，導致成品的結構不穩，甚至風一吹就晃動。

❷ **以鐵件為主結構的樓梯**得兼顧美觀與安全，更講究物料與工法。該**用較厚的鋼材**或**較貴的五金**就不能省，以便確保梯身的堅固。

❸ **鐵件在做烤漆之前一定要做除鏽處理。**即使是放室內的不鏽鋼，表面也要做塗裝以防日久生鏽。選用做鋁門窗的氟碳烤漆做防護，可確保成品經年不變質。

費用陷阱

陷阱❶ 基本上，鐵件的材料以重量來決定價格。**板材越厚或型鋼越粗，單價就越高。**但，當板材的鏤空比例較高時就得加厚，從而提高材料成本。否則，成品容易變形。

陷阱❷ 鐵件的施做方式也會影響到工錢。比如，**切割越複雜，造價就會越貴。**

陷阱❸ 雖說鐵件與木作等工法的總價差不多；但，用鐵件做樓梯時，通常**整座鐵梯的造價會比 RC 灌漿或木作的來得高。**

陷阱❹ 不管是五金或門片、屏風等大件作品，只有在**設計相同、尺寸一樣，用材與工法也完全一樣的情況下，報價才可能會一樣。**

陷阱❺ 機能相同的**五金**，會**因為產地、品牌的不同而有價位的高低之別。**比如，德國、日本品牌的五金，價位就會比台產者來得高。此外，即使造型完全相同，整支全用不鏽鋼製成的五金，單價就會比鍍鉻的高。還有，**加工方式也會影響到價位。**

圖片提供 © 天境設計

12-① 鐵件

『型鋼要注意承重結構，不鏽鋼板則要小心防護處理。』

Dr.Home 良心話

鐵件在室內裝修的運用方式約可分兩種：一種是結構性的夾層或樓梯；一種則是風或拉門等裝飾性作品。無論是為了美感而以鐵件取代木作、泥作，或是用型鋼來快速地增設樓地板，都必須要熟悉材質的特性與組裝方式。

有夾層一定要用

型鋼	多少錢？約 **C 型鋼 NT.300~530** 元/米 （規格從 75×45×2.3mm 到 150×15×2.3mm） **H 型鋼 NT.1,280~2,250** 元/米 （規格從 100×100mm 到 250×125mm）

✌ 什麼時候用？

夾層多以型鋼來打造結構，需視狀況來選用 C 型鋼或 H 型鋼。若挑空面積不大，選擇加粗的 C 型鋼就行了。除要選用合適建材，工法也很重要。還有，夾層多為臥房，特別需要防止樓板共振而產生噪音。

圖片提供◎丁藝宇建築所

⚒ 小心施工！

1. 用型鋼做夾層得先計算結構的承重強度。夾層靠著鋼構的筋力與牆面的力道來支撐，這個部分要與師傅溝通好技術層面，並優先考量整體建物的安全性。設計師最好能配合結構技師再複算一次。

2. 做夾層最簡便的方法就是用 C 型鋼做出架構，再鋪設木心夾板與地材。有時會再加入隔音棉。這種結構較輕，不用用到很大支的型鋼，但踩踏感覺不佳，隔音效果較差。

3. 標準的鋼構樓板，完成的穩固性最接近水泥鋼筋結構，其工序如下：用 H 型鋼做架構，鎖樓層鋼板再再灌漿；等水泥層乾透後再上表層材料。

單獨用就很有型

不鏽鋼板　多少錢？約 **毛絲面 NT.2,400~3,600** 元 / 平方米（厚度 1.0 ～ 1.5mm）

光面 NT.2,700~4,2000 元 / 平方米（厚度 1.0 ～ 1.5mm）

鏡面 NT.4,800~5,250 元 / 平方米（厚度 1.2 ～ 1.5mm）

什麼時候用？

室內裝修用到的鐵件當中，不鏽鋼板是最常應用的建材。它可打造成櫃體、屏風或拉門等單品，也可嵌入木作、玻璃裡當做裝飾元素。不鏽鋼板的氧化速度較慢，日久也會生鏽，故表面仍需做防護處理。

小心施工！

1. 鐵件的收尾方式跟木作不同，沒法在現場組裝時再臨時修改。尤其不鏽鋼的材質很硬，每個鐵件在工廠切割時就必須算得很精準，沒法像木工到了現場之後還可視狀況再切割或磨薄些。

2. 在設計時除要算得精確，還得考慮進退面的收尾細節，並在圖面標註詳細說明。若沒算到進退面，到現場就可能因為差 1 或 2mm 而無法組裝。尺寸沒有算得剛剛好、沒有預留緩衝空間，也都沒法安裝。

3. 拿不鏽鋼板做屏風或拉門，若高度超過 2 米 4 就要注意變形的問題。比如，高 3 公尺的門片若選用厚 3mm 的不鏽鋼板，經雷射切割做出鏤空超過 2/3 面積的造型，豎直後，中間高度的位置肯定會變形。

4. 不鏽鋼板可透過烤漆的方式來展現不同色彩。烤漆跟木作的油漆一樣都屬於塗裝工程，然而，不鏽鋼板的塗裝在細節上有更多元的變化。比如，可以噴塗平光的透明漆，或者噴上鍛造漆、復古漆等帶有顆粒的塗料來做出立體效果，也可進行真空的鍍鈦處理，就看想獲得怎樣的效果。

圖片提供◎天境設計

1 拆除
2 水電
3 鋁窗
4 泥作
5 空調
6 木作
7 系統櫃
8 油漆
9 木地板
10 大理石
11 玻璃
12 鐵件＆五金
13 廚具
14 衛浴
15 燈具
16 窗簾
附錄

記得用鍍鋅處理防鏽

黑鐵板	多少錢？**1.0mm** 約 **NT.960** 元 / 平方米
	1.5mm 約 **NT.1,500** 元 / 平方米
	2.0mm 約 **NT.1,950** 元 / 平方米

什麼時候用？

相較於俗稱白鐵的不鏽鋼，黑鐵的鐵質含量高，故較重。由於質地軟、延展性佳而利於塑形，常用來打造鍛造欄杆、鍛造花窗，室內則多見於燈具、燭台等小型傢飾。由於易氧化，表面常用鍍鋅的方式來防鏽。

小心施工！

1. 黑鐵比不鏽鋼便宜，但它很容易鏽蝕，故不建議用於室外。如要用在室外，就要加強防護，否則沒多久就開始生鏽。室內的黑鐵作品也要做好防鏽處理。

2. 可順著黑鐵的特性，刻意讓它鏽蝕以製造斑駁質感及斑斕色彩。用鹽酸等氧化處理的手法，在黑鐵表面洗出鏽蝕感，達到預定效果時就要包覆防護層；否則，任由表面持續氧化，日久恐有變質之虞。

3. 黑鐵質地較軟，宜用在非結構的地方。比如，鏤空的黑鐵板可當壁飾，彎折成各種造型的黑鐵條可當把手，甚至組成新藝術風格的欄杆。至於需承重的櫃體等物，宜用不鏽鋼。

圖片提供 © 天境設計

12-② 五金（系統櫃五金不在此類）

Dr.Home 良心話

室內裝修的五金從鐵釘、絞鍊、把手、到結構角鐵，種類繁多。若依生產方式，約可分為工廠量產的規格五金，以及室內設計師專為個案而委託工廠打造的設計五金。五金的品質與價位主要取決於材質與工法。

開孔尺寸要精準拿捏，避免鬆動

把手與門鈕

多少錢？約 **NT.10~ 上萬**元 / 支

什麼時候用？

把手與門鈕的尺寸、形式相當多變，材質從低價的塑料、陶磁、鋁合金，到高價位的金屬皆有，甚至，整根漂流木也可化做把手，讓人便於用手推拉門扇或抽屜，也帶來視覺美感。

圖片提供 茧天禕設計

小心施工！

1. 把手或門鈕雖不屬於結構五金，但若用在沉重的金屬門或大型抽屜，也要注意承重問題，以免不小心在拉動之際被弄斷。

2. 無論裝在那種材質，當主體需預先開孔時，開鑿的尺寸應拿捏精準。若誤差過大，不僅影響整體美觀，五金用久了也容易鬆動，甚至脫落。

3. 尤其是裝在無框式玻璃門片的把手，由於整件五金在門片內外都可清楚看見，不僅要特別講究五金的質感跟設計感，門片的鑿孔更是不容有缺點。當然，由於玻璃門沒有外框加強防護，把手要根據力學設在恰當的位置。

鐵件拉門軌道要加強用料

懸吊五金

多少錢？約 **NT. 數千 ~ 數萬**元 / 整組連工帶料
（價位依五金材質、施工難度、工地遠近而不同）

✌ 什麼時候用？

近年興起的懸吊門兼顧美觀與實用，可當做客餐廳的隔間，也能應用於落地衣櫃。懸吊門透過裝在上方天花的軌道與滑輪來推動門片，有些五金並具有緩衝功能，使用上就更安靜、便利了。

圖片提供 © 天境設計

⚒ 小心施工！

1. 凡是需要承重的五金，都必須選用較堅硬的材質。像懸吊式拉門的門扇，全靠上方的軌道五金來支撐重量，故，搭配的五金通常為不鏽鋼。

2. 懸吊門的門片下方雖也設有五金，但那只是用來維持門片不亂晃的固定片而已，不具承重機能。

3. 每扇鐵件拉門可能重達上百公斤，因此軌道要特別加強用料，不能選擇質軟的五金；否則，門片在掛上軌道之後就會因五金耐重不夠，而導致整組門逐漸變形。

主臥的櫃牆兼當電視牆。與櫃牆同材質的木作拉門，寬105cm、高240cm。搭配重型軌，讓門片在推拉之際平順又安靜。

圖片提供 © 天境設計

組裝完要烤漆避免生鏽

欄杆與扶手

多少錢？**鍛造欄杆扶手** 約 **NT.7,500** 元 / 米（整組的長度）

鐵管欄杆扶手 約 **NT.6,500** 元 / 米（整組的長度）

※ 以上單價含運送，不含吊掛作業、組裝等現場施工、烤漆

什麼時候用？

由鐵件打造的欄杆、扶手，常見的有用緞鐵打造古典風作品，或是以鐵板、鐵管組成的極簡造型。無論是設於陽台或室內梯，都是在現場透過卡榫、鎖螺絲或焊接的方式來組裝。

小心施工！

1. 欄杆與扶手各在工廠做好之後，再於工地進行組裝。單品構件的設計與製作都需精細，以便能夠順暢接合。

2. 無論樓梯底座為哪種材質，在安裝欄杆與扶手之前，都先得依照設計圖的放樣，精準地在踏階或牆壁的對應位置鑿出孔洞。

3. 組裝時，欄杆的立柱封口處應牢固地插進朝預留孔洞且不外露；通常，立柱與踏階呈垂直，插入後不會出現不穩甚或搖晃的狀況。

4. 扶手與欄杆的接合應緊密，接縫處用打磨的方式來修整。組裝完成後，整組欄杆與扶手再進行噴塗以免生鏽。

圖片提供 © 天境設計

1 拆除
2 水電
3 鋁窗
4 泥作
5 空調
6 木作
7 系統櫃
8 油漆
9 木地板
10 大理石
11 玻璃
12 鐵件＆五金
13 廚具
14 衛浴
15 燈具
16 窗簾
附錄

Dr.Home 小提醒

做完了！看這裡

1 烤漆要注意平整度。尤其當鏤空圖案很繁複時，鐵板在挖空邊緣很可能會出現凹凹凸凸的小死角。由於噴漆多靠人工來施作，如果工人在噴漆時不夠細心，就會有些死角沒被噴到，或是有些地方因為噴太多而導致垂流現象。尤其是接角處的噴塗特別容易出現垂流現象，要靠師傅的經驗來避免。

2 若是量身定做的金屬門片，除要穩穩地固定在框架內，拉動之際也需順暢。至於固定式屏風，本身結構或與建築結構的結合要很牢固。

3 五金安裝要準確。不管是高度、位置，以及五金本身的水平度，都要正確。否則，裝歪了，非但不美觀，用起來也不順手。

監工要注意

1 光面不鏽鋼板最怕碰凹或有磨擦。鐵件廠商除負責搬運，運送前也一定要包裝防護材。尤其大件的門片或屏風，特別要留意在運送過程中出現磨擦與碰撞。

2 夾層樓板要鎖在樑或承重牆的位置。用化學螺栓打入建物的承重結構裡，夾層才能有足夠的強度。若鎖在普通的牆壁裡面，就算植筋，日久仍會有安全疑慮。

3 在現場組裝五金時，裝得好不好，得看木工對五金的熟悉度。每種五金的施工方式不盡相同，除了師傅的技術，還包括他在這方面的經驗。比如，有裝過緩衝五金的人就知道這種五金剛裝上時會比較緊，也要減輕它的負重，施工時該如何調整？得靠經驗值來判斷。

鐵件 & 五金工程費用一覽表

項目	計價方式		附註
C 型鋼	常用規格 NT.300 ～ 530 元 / 米	要注意承重力	規格等於截面（斷面）的尺寸。越粗厚就越貴
H 型鋼	常用規格 NT.1,280 ～ 2,250 元 / 米	越粗厚就越貴	
不鏽鋼板	毛絲面（厚 1.0 ～ 1.5mm）NT. 2,400 ～ 3,600 元 / 平方米 光面（厚 1.0 ～ 1.5mm）NT.2,700 ～ 4,200 元 / 平方米 鏡面（厚 1.2 ～ 1.5mm）NT.4,800 ～ 5,250 元 / 平方米		價位隨厚度與表面質感而不同
黑鐵	黑鐵板 NT.960 ～ 9,600 元 / 平方米	表面必做防護層	
把手與門鈕	NT.10 ～上萬元 / 支		材質、做工與品牌（含產地）都會影響價格
懸吊門五金	NT. 數千～數萬元／整組連工帶料		價位依五金材質、施工難度、工地遠近而不同
欄杆扶手	鍛造欄杆扶手 NT.7,500 元 / 米（整組的長度） 鐵管欄杆扶手 NT.6,500 元 / 米（整組的長度）		以欄杆與扶手組裝成整片之後的長度來當做計價單位。 單價不含吊掛作業、組裝等現場施工與現場烤漆

※ 鐵件工程費用主要為鐵工師傅的施工質感差異，不見得中南部就會比較便宜。

1 拆除
2 水電
3 鋁窗
4 泥作
5 空調
6 木作
7 系統櫃
8 油漆
9 木地板
10 大理石
11 玻璃
12 鐵件 & 五金
13 廚具
14 衛浴
15 燈具
16 窗簾 附錄

所謂吃米不知米價，
沒裝潢過都不知道"花錢如流水"

小小的一字型廚房，總長度 220 公分左右，
用的是一般等級的木紋門板，選的也是不鏽鋼材質檯面，
Blum 鋁抽也才配了二個，加上最基本的三機設備，
沒想到這樣加一加也來到 NT.10 萬元！

不過，最難以想像的是安裝的時間！
只是一字型廚房，就必須從早上施工至傍晚時分，
因為光是吊櫃和牆面的結合、下櫃與檯面，至少佔了 2/3 的時間，
裝好後師傅們還得調整水平，
門片之間的高度、開關順暢度也要仔細確認，
水槽與牆面之間的矽利康也記得千萬別去碰！

所以牆面若要鑽孔可得早一步請水電師傅施工，
否則就會發生鑽孔粉塵黏在矽利康上的憾事啊…………

檯面、門板、五金選擇多，品牌型號更要寫清楚

▶ 廚具費用 Check!

容易忽略的費用

❶ 不論檯面的材質是什麼，**每套廚具都會有水槽下嵌工資、爐具下嵌工資，各自大約 NT.1500 ～ 4000 元不等**，視加工廠的收費而定。

❷ **廚房空間若遇有柱體，檯面都需要增加一筆特殊加工費用**，同樣以公分計價，而且在這種情況下，一定要先經過打板程序，做出來的檯面尺寸才會精確。

❸ **櫃體、檯面的價錢都有固定的尺寸**，吊櫃指 68 ～ 70 公分、底櫃高 78 ～ 80 公分、高櫃為 218 ～ 220 公分，檯面深度則是 60 公分，上述尺寸若需增加皆需加價。

預算比例

❶ **一字型廚具約莫需要 NT.10 ～ 12 萬**，包含可用進口五金、人造石檯面。

❷ **L 型廚具費用大約是 NT.15 ～ 18 萬**，會增加一個電器櫃，設備如果不是選太高級的，在這個預算之下也能包含設備。

❸ **中島型廚具**則因為增加一個中島廚區的設置，**費用會來到 NT.20 萬元左右**。

※ 本書價格僅供參考，實際價格以市場狀況而定。

這樣做最省錢

❶ **門板可挑選美芯板，檯面就用實用且價位合理的人造石或不鏽鋼材質。**

❷ 如果**預算有限，可省略吊櫃設計改用層板，**但要視個人使用習慣而定。

❸ **嵌入式電器設備價位較高**，除了必需的三機之外，烤箱、蒸烤爐可搭配非嵌入式，能稍微減少一些費用。

費用陷阱

陷阱❶ **廚具櫃體多半以"一式"為計價，**包含門板和櫃體的費用，價格取決在於挑選的門板材質，目前單價最高的是實木門板。

陷阱❷ **廚具五金的種類眾多，**鉸鍊、滑軌的品牌價差大，人造石檯面也有分大陸、美國、韓國，**估價單皆應註明使用的品牌，避免劣質廠商魚目混珠。**

陷阱❸ 拿到估價單後，要**確認檯面、櫃體、水槽尺寸是否正確，三機或配件型號是否標示，**以及附上單價，否則很容易在變更項目的時候胡亂添加費用。

陷阱❹ **一般廚具廠商多半是簽約時付定金30%，完工驗收後再付70%，**如果一開始簽約就要求馬上全額付清就要特別小心。

圖片提供 © 雲墨空間設計

169

『門片選得越高級，櫃體費用相對會提高』

Dr.Home 良心話

廚具櫃體的價錢大約佔整個廚具工程 70％，櫃體的價錢來自挑選的門板樣式，根據吊櫃、底櫃、高櫃的不同會有些微價差，但通常廚具估價單上多以一式作為計價單位，其實只要將櫃體費用除以櫃體長度，就可以換算出每公分的單價，知道究竟是否合理。

價錢便宜最省

美芯板	多少錢？約 **NT.65~75** 元／公分（吊櫃）
	約 **NT.75~85** 元／公分（底櫃）
	約 **NT.210** 元／公分（高櫃）

✿ 好用在哪裡？

以塑合板本身之防水性加上牛皮紙表面具有耐高溫的功效，而使美芯板具有防水而耐高溫、耐刮、易清潔的特性。

✖ 小心保養！

平常只要用清水擦拭即可，如果有油汙也可以沾少許中性清潔劑，但不宜使用菜瓜布刷洗。

圖片提供 © 普陽專業廚具系統設計

色彩豐富明亮，擦拭就乾淨！

結晶鋼烤

多少錢？約 **NT.90~100** 元 / 公分（吊櫃）

約 **NT.100~110** 元 / 公分（底櫃）

約 **NT.235** 元 / 公分（高櫃）

✂ 好用在哪裡？

底材為木心板，表面是壓克力硬化處理，不經噴漆處理，表面光滑平整，色彩豐富且明亮。

★ 小心保養！

平常只要用清水擦拭即可，如果有油汙也可以沾少許中性清潔劑，但不宜使用菜瓜布刷洗。

圖片提供 ⓒ 吉姆專業廚具系統設計

霧面塗裝質感佳

陶瓷鋼烤

多少錢？約 **NT.120~130** 元 / 公分（吊櫃）

約 **NT.130~140** 元 / 公分（底櫃）

約 **NT.265** 元 / 公分（高櫃）

✂ 好用在哪裡？

表面質地堅硬，色彩豐富，有類似陶器的厚實感所以稱為陶瓷鋼烤，質感佳。

★ 小心保養！

1. 以棉布沾中性清潔劑擦拭再以清水、棉布擦乾。
2. 勿用菜瓜布等較粗糙的材質擦拭，避免刮傷門板。

圖片提供 ⓒ 吉姆專業廚具系統設計

1 拆除
2 水電
3 鋁窗
4 泥作
5 空調
6 木作
7 系統櫃
8 油漆
9 木地板
10 大理石
11 玻璃
12 鐵件 & 五金
13 廚具
14 衛浴
15 燈具
16 窗簾
附錄

高亮面質感，容易清洗

鋼琴烤漆

多少錢？約 **NT.110~120** 元 / 公分（吊櫃）

約 **NT.120~130** 元 / 公分（底櫃）

約 **NT.245** 元 / 公分（高櫃）

圖片提供©吉姆專業廚具系統中心

✌ 好用在哪裡？

底材為密集板 /MDF，噴漆高亮如鋼琴表面烤漆。經多次打底、上漆研磨，拋光打蠟，將六面門板均勻烤漆，不易掉漆、變形、龜裂。色彩豐富、亮麗，表面光滑，容易清洗。

★ 小心保養！

1 可用軟性清潔液擦拭，而不會傷其表面，保養非常容易。
2 切忌用菜瓜布，避免表面造成損壞。

和鄉村風格最速配

※ 視木頭種類價格不定，目前以橡木最高

實木

多少錢？約 **NT.90~100** 元 / 公分（吊櫃）

約 **NT.100~110** 元 / 公分（底櫃）

約 **NT.235** 元 / 公分（高櫃）

圖片提供©吉姆專業廚具系統設計

✌ 好用在哪裡？

天然木材製成，表面噴上平光或亮光漆，質感厚實溫潤，其木紋更是渾然天成，而且能透過染色處理呈現獨一無二的樣貌。

★ 小心保養！

實木門板具有毛細孔，易吸附油煙，不防水，因台灣屬潮濕的氣候，故需注意保持乾燥。

7 系統櫃

8 油漆

9 木地板

10 大理石

11 玻璃

12 鐵件＆五金

13 廚具

14 衛浴

15 燈具

16 窗簾

附錄

13-❷ 廚具檯面

『人造石、不鏽鋼價格便宜又好用』

Dr.Home 良心話

廚具檯面主要是切洗食材，能不能抗汙好清理是挑選的重點，早期廚具檯面多為美耐板，但是會有接縫問題也容易損壞，雖然目前住宅多以人造石檯面為主流，但如果空間夠大，不以烹飪為主的中島檯面也可以搭配天然石材，解決保養的難題。

可塑性高，好清理

人造石　　多少錢？約 **NT.80~120** 元/公分（視產地而定）

好用在哪裡？

人造石屬於一種合成產品，利用樹脂加入色膏、樹脂顆粒、石粉等所製造而成，外觀仿造天然石材，擁有石材紋理卻沒有毛細孔，防髒、耐污、好清理更是其最大優點。而且可塑性極高，易做造型設計。

★ 小心保養！

1. 人造石是一種合成產品，含有自然礦物成分，一旦受熱不均勻，的確會有裂開的現象，使用時建議還是以鍋墊隔絕為佳。

2. 人造石檯面使用久了，表層可進行研磨、拋光處理，恢復原來的樣子，打磨費用同樣以公分計價，每公分是 NT.20 元。

3. 平常清潔的時候，以濕布搭配中性清潔劑擦洗，切忌使用菜瓜布刷洗。

4. 人造石檯面上打翻醬油等深色液體，應立即擦拭，避免造成吃色的情形。

圖片提供 © 甘納空間設計

防水性高、耐腐蝕

不鏽鋼

多少錢？約 **NT.90~120** 元/公分

攝影 ©Patricia

✌ 好用在哪裡？

目前不鏽鋼檯面等級多為 304，因為是 18％鉻與 8％鎳，所以又稱為 18-8 不鏽鋼，它不但具有耐腐蝕、防水耐高溫的特性，而且也不會褪色變形。

✎ 小心施工！

1. 檯面的厚度有分 0.6、0.9、1.2mm，一般來說選擇 0.9mm，然而內部仍會包覆板材，讓不鏽鋼檯面在使用時聲音更低也更牢固。

2. 不鏽鋼檯面在 2 米 5 以內，都可以作一體成型。

☀ 小心保養！

1. 如果是放置在檯面上鍋具應該要擦乾，避免水漬殘留造成水痕。

2. 雖然不鏽鋼檯面表面易有刮痕，不過只要拿 2000 轉的水砂紙順著紋理方向磨，也能稍微回復。

耐磨不吃色

石英石

多少錢？約 **NT.150~250** 元/公分（視產地而定）

✌ 好用在哪裡？

石英石是由石粉高溫高壓製作而成，材質堅硬，表面也非常耐磨，加上熔點達 1600 度 C 以上，也特別耐熱，沒有毛細孔的特殊性，汙漬相對也不容易滲入，另外還可以製作成多種表面處理，比如說波紋面、皮紋面及燒陶面。

☀ 小心保養！

以清水擦拭清潔，再以乾布擦乾水分即可達到清潔的動作。

圖片提供 © 弘第廚具

質感紋理佳

天然石

多少錢？約 **NT.130** 元起 / 公分（視石材種類而定）

好用在哪裡？

天然石檯面多半選擇花崗石或是大理石，紋理質感佳也耐高溫。

小心保養！

1. 因為是天然石的關係，具有毛細孔，且有熱脹冷縮的特性，容易吸附水氣和油汙。
2. 大理石的硬度低，不適合直接在上面進行切剁的動作。

圖片提供 ©懷特室內設計

耐刮耐熱又耐汙

賽麗石

多少錢？約 **NT.150** 元起 / 公分

好用在哪裡？

是一種高硬度及保的複合石英材料，以高達 93% 的天然石英 (SiO2) 為主要成份及加上其他成份如飽和樹脂、礦物顏料、複合劑、添加劑等混合而成。高耐熱、耐汙、抗刮特性，且容易清潔、持久抗菌。另外還可以製作成多種表面處理，比如說波紋面、皮紋面及燒陶面。

小心保養！

不用定期打磨，日常維護只要用清水和肥皂擦洗即可。

圖片提供 © 弘第廚具

1 拆除
2 水電
3 鋁窗
4 泥作
5 空調
6 木作
7 系統櫃
8 油漆
9 木地板
10 大理石
11 玻璃
12 鐵件＆五金
13 廚具
14 衛浴
15 燈具
16 窗簾
附錄

13-③ 水槽

『除了材質是否耐用，還要注意尺寸、烹飪習慣。』

Dr.Home 良心話

挑選擇除了材質的耐用、好清潔與否，其實尺寸也很重要！如果你是屬於大火快炒，炒菜鍋具偏向中式，建議挑選 60 公分左右的水槽尺寸，另外，雙槽雖然可以將有無油汙做分類，但反而會削減大槽的空間，不好清洗中式炒鍋。

耐高溫，有塗層的可以防刮

不鏽鋼水槽	多少錢？約 **NT.2,000~5,000** 元起 / 個（根據尺寸而異）
	約 **NT.10,000~20,000** 元 / 個（日本進口靜音水槽）

好用在哪裡？

不鏽鋼水槽耐洗又耐高溫，是一般住宅最常使用的材質，有些進口的不鏽鋼水槽表面還會塗上一層奈米陶瓷，使油汙不容易附著在上面，加上作出凸粒狀的設計，具有防刮功能，擺脫不鏽鋼不耐刮的名聲。

小心保養！

1. 以海綿沾施後加入中性清潔劑橫向均勻的擦拭水槽表面，再以清水沖洗以及用乾的軟布將表面擦乾。

2. 提籠可用溫水加入蘇打粉或中性清潔劑浸泡一下再洗。

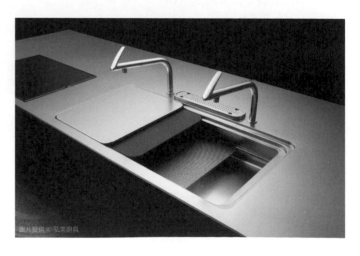

圖片提供 © 弘第廚具

表面堅硬好清潔，但是玻璃杯一摔就破

陶瓷水槽

多少錢？約 **NT.5,000** 元起 / 個

好用在哪裡？

陶瓷水槽有耐高溫、耐溫變、易清潔、表面堅硬耐磨、耐老化的優點。

小心保養！

1. 清洗玻璃杯的時候，如果杯子不小心掉落水槽內很容易破。

2. 若刮傷或釉面消退，容易累積汙垢，變得較難清洗。

攝影 © 沈仲達

一體成型，不易變形

人造石水槽

多少錢？約 **NT.6,000** 元起 / 個

好用在哪裡？

人造石水槽質感佳，如果檯面也是人造石材質可以作一體成型，且不易變形，表面堅硬耐磨。另外還可以製作成多種表面處理，比如說波紋面、皮紋面及燒陶面。

小心保養！

1. 人造石的毛細孔明顯，必需及時清理以免留下污垢。

2. 人造石的材質偏軟且不耐高溫，應避免直接倒入滾燙的熱水。

攝影 © 沈仲達

1 拆除
2 水電
3 鋁窗
4 泥作
5 空調
6 木作
7 系統櫃
8 油漆
9 木地板
10 大理石
11 玻璃
12 鐵件＆五金
13 廚具
14 衛浴
15 燈具
16 窗簾
附錄

13-④ 收納配件

『鋁抽耐用又收得多，側拉籃能把檯面變整齊！』

Dr.Home 良心話

廚房的收納五金不外乎拉籃、鋁抽和側拉，轉角拉籃則是多用於 L 型廚房，拉籃、鋁抽完全在於個人的使用習慣，更重要的是先讓設計師知道你的鍋碗瓢盆種類，才不會做了也不夠收、不好放。

實用又便宜

拉籃	多少錢？約 **NT.1,000~2,500** 元 / 個

好用在哪裡？

拉籃的價位相對鋁抽比較便宜，對於鍋碗瓢盆的收納也非常實用。

攝影 © ellen

好收納、開關又安靜

鋁抽	多少錢？約 **NT.2,000~5,000** 元 / 個 （視國產與進口品牌而定）

好用在哪裡？

具備緩衝滑軌的抽屜，開關能完全沒有噪音，利用瓦斯爐台下方的空間規劃中高鋁抽滑軌抽屜，很好收納各種尺寸的鍋具，使用的時候也方便拿取，鋁抽內部可以加裝分隔條或是吸盤棒，固定餐具避免碰撞。

攝影 © Patricia

砧板、調味料收得乾乾淨淨

側拉

多少錢？約 **NT.1,000** 元起/個（視國產與進口品牌而定）

好用在哪裡？

根據內部的分層設計，可收納各式調味料，有的還可以放置砧板，而且僅需 20 公分的寬度，對廚房空間來說非常實用，可以減少檯面的凌亂感。

攝影 © Patricia

轉角空間最好用

轉角拉籃

多少錢？約 **NT.5,000** 元起/個（視國產與進口品牌而定）

好用在哪裡？

屬於連動式的拉籃，輕巧地帶出隱藏在轉角空間的物品，收納容量大。

攝影 © Amily

1 拆除
2 水電
3 鋁窗
4 泥作
5 空調
6 木作
7 系統櫃
8 油漆
9 木地板
10 大理石
11 玻璃
12 鐵件＆五金
13 廚具
14 衛浴
15 燈具
16 窗簾
附錄

13-5 廚房三機設備

『美觀是其次，實用性最重要！』

Dr.Home 良心話

三機設備是每一個廚房的必備採購，除了每個人對品牌的喜好之外，挑選時也記得要以實用性為主，例如碗盤很多又常常開伙，烘碗機就最好選用落地式，容量更大，如果是很在意瓦斯爐的清潔，也有爐頭密閉構造的瓦斯爐設計，可以防漏好清理。

強化玻璃材質美觀好清潔

| 瓦斯爐 | 多少錢？約 **NT.5,000** 元起 / 個（根據尺寸、品牌、款式而定） |

✌ 抉擇關鍵是什麼？

1. 在材質的選購上，瓦斯爐具檯面是否美觀又好清潔，是挑選的重要因素。目前瓦斯爐面材質包含不鏽鋼、強化玻璃、烤漆三種，強化玻璃的優點是美觀好清理，與任何廚具材質搭配亦十分吻合，但價位上會高一些，而不鏽鋼、烤漆則是需要較為費心保養。

2. 一般住宅多以雙口爐為主，三口爐不見得比較好用，因為爐口尺寸有大有小，如果家中鍋具都是偏大，放上小口爐上熱能效果反而不好。

★ 小心規劃！

1. 購買瓦斯爐產品，品牌皆會安排原廠技術人員到府安裝，確保安全。安裝時務必注意檢查瓦斯接口，瓦斯橡膠管接口必須使用固定管束，尤其是嵌入式瓦斯爐與檯面式瓦斯爐橡膠接管都在廚具櫃內。

2. 橡膠接管長度須在 1.8 公尺以下，並且不可以隱藏在建築物構造內或貫穿樓地板、牆壁，避免無法察覺橡膠管老舊，造成瓦斯外漏的危險，若超過 1.8 公尺部分必須使用金屬製配管。

圖片提供 © 林內

吸力最重要！管線太遠可加裝中繼馬達

抽油煙機　　多少錢？約 **NT.6,000** 元起/台（視廠牌、型號而定）

抉擇關鍵是什麼？

抽油煙機的種類相當多樣，以造型來說有所謂的單層、斜背式以及深罩式，而偏向歐風設計的則有倒 T 型以及隱藏式，前幾年以漏斗型的抽油煙機為主流，近年來倒 T 字型備受青睞，不論造型為何，抽油煙機首重的就是吸風力，除了以烹飪習慣選用抽油煙機之外。

圖片提供 © 林內

小心規劃！

1. 安裝時也要注意離瓦斯爐高 65 至 70 公分，為最合宜、吸煙效果最佳的高度。

2. 排油煙機的排油管要避免皺折彎曲，風管也最好不要穿樑。

3. 安裝排油煙機要注意排風管管徑大小，有些大樓是原建商預留的小管徑排風管，後來再接上設計的大管徑排風管，因尺寸上的落差，連接後會出現迴風的問題，導致排風量銳減，因此必須特別注意管徑是否相同。

4. 排風管不宜拉太長及彎折過多，管線的距離在 5 米以內為佳，否則會導致排煙效果不佳，裝設位置附近應避免門窗過多　抽油煙機擺放的位置不宜在門窗過多處，以免造成空氣對流影響，而無法發揮排煙效果。

當漏斗型或T型抽油煙機卡到樑時，可以降低天花板加大與樑之間的空間，讓風管可以順暢彎曲。

圖片提供 © 演拓空間設計

181

容量多就用落地式，小空間可用懸吊式！

烘碗機　　多少錢？約 **NT.5,700** 元起／台（視廠牌、型號而定）

抉擇關鍵是什麼？

烘碗機的選擇標準和家中的人口數大有關係，如果人口多的話，建議選用落地式，能擺放的碗盤較多，不過落地式會佔據幾乎兩個抽屜的空間，且必須搭配廚櫃作結合，因此假如廚房空間不大也不建議使用。而懸掛式所需的空間較小，適合小家庭使用。

小心規劃！

1. 不論是落地式還是懸吊式，都必須預留電源才可以使用。
2. 懸吊式烘碗機也不見得要搭配廚櫃設計，可以單獨懸掛在牆上。

圖片提供 © 林內

烘碗機亦可選擇懸吊形式，不過相較落地式的容量會比較少一點，好處是比較不佔櫥櫃的面積。

攝影 © 沈仲達

13-⑥ 把手

『把手不只看造型，試用看看才知道好不好用』

廚具把手扮演相當重要的角色，門片的好開、關與否，便取決在於把手，其次才是美觀性。45 度斜邊的無把手設計看起來很俐落，但如果用在小門片上，反而不好拖拉使用，而常見的內嵌型把手則非常好開，不過也有人認為不好清潔。

Dr.Home
良心話

簡潔利落

45 度斜邊把手　　　多少錢？約 **NT.7** 元 / 公分

好用在哪裡？

沒有把手的門片，視覺上看起來更加簡單俐落。

有限制的門板材質嗎？

並不是每一種門板都能做斜邊設計，例如像是水晶門板就不適合做斜邊把手，因為水晶板表面是透明壓克力烤漆，接縫處會破口。

有施力點好開啟

內嵌型把手　　　多少錢？約 **NT.9** 元 / 公分

好用在哪裡？

嵌在廚櫃內，較有施力點好開啟。

有限制的門板材質嗎？

所有的門板材質皆可以搭配使用內嵌型把手。

圖片提供 © 吉×××××××××××

樣式多元，廚房更有特色

現成把手　　多少錢？約 **NT.80~500** 元不等 / 個

圖片提供 © 吉姆專業廚具系統設計

好用在哪裡？

如果不喜歡系統廚具的把手，也可考慮選擇喜歡的把手樣式，例如鄉村風格可搭配陶瓷門把，但現成把手根據設計、材質的差異性，價差也非常大，便宜的幾十元就能買到，貴一點的甚至一個就要 NT.500 元左右。

Dr.Home 小提醒

做完了！看這裡

1 上下櫥櫃的門板要檢查有無呈水平，門板和櫃體也必須要確實密合。

2 水槽檯面要注意邊緣的防水處理，矽利康有無確實。

3 水槽安裝完畢要測試排水功能是否順暢。

4 抽油煙機安裝後要測試馬達是否順暢，按鍵面板或控制面板是否靈敏。

5 瓦斯爐安裝完畢應進行試燒，調整空氣量使火焰穩定為青藍色。

監工要注意

1 檯面建議做 R 角處理，讓檯面延伸至背牆拉高約 3-5 公分，以後清潔也比較方便。

2 廚具上櫃會以吊掛器和牆面做結合，並利用吊掛器調整水平、高度，上櫃的櫃體之間也會打上螺絲，而下櫃、檯面則會利用矽利康與牆面結合，每個吊櫃與吊櫃之間再利用螺絲固定，如此便能確保結構穩固。

廚具工程費用一覽表

項目	價格	附註
美芯板	NT.65～75 元/公分（吊櫃） NT.75～85 元/公分（底櫃） NT.210 元/公分（高櫃）	C/P 值最高
結晶鋼烤	NT.90～100 元/公分（吊櫃） NT.100～110 元/公分（底櫃） NT.235 元/公分（高櫃）	
陶瓷鋼烤	NT.120～130 元/公分（吊櫃） NT.130～140 元/公分（底櫃） NT.265 元/公分（高櫃）	
鋼琴烤漆	NT.110～120 元/公分（吊櫃） NT.120～130 元/公分（底櫃） NT.245 元/公分（高櫃）	
實木	NT.90～100 元/公分（吊櫃） NT.100～110 元/公分（底櫃） NT.235 元/公分（高櫃）	它最貴
人造石檯面	NT.80～120 元/公分	C/P 值最高
不鏽鋼檯面	NT.90～120 元/公分	C/P 值最高
石英石檯面	NT.150～250 元/公分	
天然石檯面	NT.130 元起/公分	
賽麗石檯面	NT.150 元起/公分	超耐高溫
不鏽鋼水槽	NT.2,000～5,000 起/個	
陶瓷水槽	NT.5,000 元起/個	
人造石水槽	NT.6,000 元起/個	不易變形
拉籃	NT.1,000～2,500 元/個	
鋁抽	NT.2,000～5,000 元/個	
側拉籃	NT.1,000 元起/個	
轉角拉籃	NT.5,000 元起/個	
瓦斯爐	NT.5,000 元起/台	強化玻璃最好清
抽油煙機	NT.6,000 元起/台	
烘碗機	NT.5,700 元起/台	

※ 廚具工程費用主要為品牌價差。

1 拆除
2 水電
3 鋁窗
4 泥作
5 空調
6 木作
7 系統櫃
8 油漆
9 木地板
10 大理石
11 玻璃
12 鐵件＆五金
13 廚具
14 衛浴
15 燈具
16 窗簾
附錄

挑選衛浴設備，
等到裝潢後期再來挑也不遲？

那就錯了！馬桶、面盆最好在平面配置的時候一併做抉擇，
怎麼說呢？馬桶、面盆的種類造型非常多，

如果是較為狹小的衛浴，或許也可以考慮使用轉角面盆，
就能讓空間看起來大一點，
而即便有些馬桶已經不受限管距的尺寸，

但萬一你看上的馬桶就是只有 30 公分的管距，
實際上你家浴室管距卻是 40 公分該怎麼辦？勉強換一個自己不喜歡的？
不僅是管距，馬桶左右兩邊也記得留出舒適的位置，
尤其記得考量男主人的體型，免得太靠近牆面，變得太擁擠！

國產、進口
價差大，
正確施工
用得久

這樣規劃更舒適

▶ 衛浴費用 Check!

預算比例

❶ 長方形衛浴空間比正方形還要好規劃，可以將馬桶、洗手檯、淋浴作區隔，**馬桶通常不對門，儘量是放在門後或是牆後的貼壁角落**，才有隱私感。

❷ 尺寸、設備距離的拿捏更是關鍵，舉例來說，**馬桶**的寬度雖然是 38 ～ 40 公分左右，但**兩側也得預留 15 公分左右的寬度**，迴身空間比較舒適，而面盆尺寸則可依據空間做選擇，目前最小有至 36 公分，或是可搭配轉角盆使用，更不佔空間

❸ 預規劃浴缸，**一般浴缸尺寸長約 150 ～ 180 公分**，寬約 80 公分，高度為 50 或 60 公分，也得預留出適當的距離，動線才會流暢寬敞。

❶ 中古翻修很多人常常忽略衛浴設備費用，如果以中價位品牌的衛浴設備來算，**完成一間浴室的設備採購至少約需 NT.40,000 元起跳。**

❷ **新成屋**一般會保留建商附贈的衛浴設備，花在**衛浴設備的費用佔比很低**，除非想要換更好的品牌或功能。

❸ 如果有二間衛浴，**客浴**建議選用**一般價位**的設備即可，**主臥衛浴**再**搭配高價位設備**，可平衡整體預算。

❹ 多作浴缸除了有**浴缸**的費用，還要泥作、磁磚費用，如果**使用頻率不高**，建議**直接用乾濕分離**即可。

※ 本書價格僅供參考，實際價格以市場狀況而定。

這樣選最便宜

❶ **面盆以陶瓷材質價格最便宜**，大理石、玻璃的造價最高，而且也比較不好保養。

❷ **淋浴花灑**選擇基本功能為主，如果還要有溫控、淋浴柱、燈光的**附加效果，價位相對會提高。**

❸ **單體式馬桶**和壁掛式馬桶價位沒有落差很大，算是馬桶當中價位便宜的款式，但品牌之間的差異也很大，預算不多的話，**選擇售後服務好的廠商為佳，造型設計反而是其次。**

費用陷阱

陷阱❶ 浴室所需的一般**設備**包含馬桶、面盆、淋浴龍頭、浴鏡配備、淋浴拉門與抽風機等，**國產、進口品牌價差大**，建議與設計師討論時，清楚溝通報價所含的細部項目。

陷阱❷ 設備體積大又重，**網路上購買不見得會比較便宜**，有時候加上運費反而比門市還貴。

陷阱❸ 自行訂購衛浴設備的話，廠商到貨後要**檢查比對產品的型號、尺寸是否正確。**

圖片提供 © 雲墨空間設計

圖片提供 © 幸福生活研究院

14-❶ 面盆

『選對款式，搭配正確施工才能更耐用』

Dr.Home 良心話

面盆造型、材質十分多元，白色陶瓷算是住宅最普遍選擇的材質，不過記得面盆的出水孔數和水電配管息息相關，如果喜歡無孔面盆，就得先請水電師傅改由壁面出水的方式。

陶瓷材質價格合理好保養

面盆	多少錢？約 **NT.4,500～ 數萬**元不等（視產地、材質而定）

✂ 材質有哪些？

1. 陶瓷：最常用的材質，不易變形變色，價格合理，如果表面有上一層奈米級的釉料，可以讓表面不易沾汙而且好清理。

2. 天然大理石：大理石紋路天然細緻且硬度高，耐撞擊，但是因為天然石材有毛細孔，比較容易藏汙納垢，保養不易。

3. 玻璃：將玻璃板加熱致接近軟化溫度時迅速使之冷卻而成，耐擊性交普通玻璃增加七至八倍，厚度約十二厘米，在透明度的質感上表現極佳，不過成本造價頗高，而且需要常保養，否則很容易常看到水垢。

面盆材質雖以白色瓷器最為常見，但也能挑選藝術感強烈的陶瓷款式，讓浴室空間更有味道。

圖片提供 © 幸福生活研究院

怎麼挑才對？

1. 注意尺寸上是否相合。有時造型好看但安裝在空間可能會有比例上的問題，另外材質的表現也會影響外觀，挑選時記得多方比較。

2. 要確認龍頭的出水孔數。無孔的洗臉盆，龍頭應安裝在台上，或安裝在洗臉檯的牆壁上。單孔面盆的冷、熱水管通過一支孔接在單柄水龍頭上，水龍頭底部帶有絲口，用螺母固定在這只孔上。三孔面盆可配單柄冷熱水龍頭或雙柄冷熱水龍頭，冷、熱水管分別通過兩邊所留的孔眼接在水龍頭的兩端，水龍頭也用螺母旋緊與洗臉盆固定。

安裝方式有哪些？

1. 上嵌式面盆。將面盆置放於檯面上，安裝最便利，也能彈性調整檯面的深度，必須先挖好安裝面盆的正確口徑，底座的支撐也必須確實，好處是檯面可以稍微內縮至 43 公分，浴室空間看起來也會更寬敞許多。

2. 下嵌式面盆。面盆完全嵌入檯面內，完全看不到面盆的線條。優點是能將檯面的水漬直接撥入面盆內，也能突顯出檯面的材質，但一方面下嵌式面盆安裝時，應該將矽力康塗在面盆背面，與檯面接合，如果只是簡單將面盆放入，在邊緣塗上矽力康，銜接處會有縫隙，也容易發霉。

3. 檯面式面盆。又稱為獨立盆，直接放置在檯面上，使用矽力康的範圍最少也最不明顯，比較少會有發霉的狀況。

小心安裝！

面盆有單孔、無孔，一般住家以單孔面盆居多，由冷、熱水管通過一支孔接在單柄龍頭。

檯面式面盆可以完整呈現面盆的材質與造型設計。

1. 必須安裝在實心的磚牆或是混凝土牆面上，並且要委託專業的施工人員協助且按照面盆所附的安裝說明書實際操作。

2. 壁掛式面盆較能節省空間，安裝時務必注意幾點，首先是安裝時螺絲孔施力至「正緊」的程度，也就是螺絲鎖上去碰到底之後，再順著原方向繼續旋緊 15 度 3. 安裝使用的金屬配件，應該用不鏽鋼材質或耐蝕料件，並且螺栓與面盆的鎖固處要加上橡皮墊片，來吸收及緩衝鎖螺栓時碰撞的衝擊力，降低器具損壞的機率。

4. 加裝三角架支撐，會比螺栓式固定法的支撐力大，是比較安全的選擇。

5. 面盆的高度一定要符合人體工學，過高或過低都不好用。

6. 檯面式的龍頭止水墊片要確實安裝，不可以鎖太緊以免造成缸裂。

1 拆除
2 水電
3 鋁窗
4 泥作
5 空調
6 木作
7 系統櫃
8 油漆
9 木地板
10 大理石
11 玻璃
12 鐵件＆五金
13 廚具
14 衛浴
15 燈具
16 窗簾
附錄

14-② 馬桶

『壁掛式馬桶要改管線，單體式馬桶要注意管距』

Dr.Home 良心話

馬桶設計常見有單體式和壁掛式，但現在還是以單體式最廣泛，一般馬桶的寬度大部分是 38 ～ 40 公分左右，但兩側也得預留 15 公分左右的寬度，迴身空間比較舒適。

清潔沒有死角，打掃最開心！

壁掛式馬桶	多少錢？約 **NT.6,000~10,000** 元（視品牌而定）

✎ 什麼時候用？

中古屋裝修時如果遇到馬桶位置變更的問題，但又不想架高地板，不妨選擇埋壁式馬桶，懸空設計在清潔上也十分方便。

✎ 小心施工！

1. 水箱安裝位置必須由泥作、水電、衛浴設備三方一同現場放樣確認。
2. 水箱需水平校正。
3. 糞管配置要注意排水坡度，最好拍照建檔，日後維修較方便。

圖片提供 © 幸福生活研究院

注意乾、溼式施工！

單體馬桶

多少錢？約 **NT.6,000~10,000** 元
（視品牌而定）

圖片提供 © 演拓空間設計

怎麼挑才對？

選購時要多方比較，並注意選購的品牌是否有良好商譽，馬桶的高度最好親自確認，最重要的是管距要確認好 30 公分或 40 公分，雖然現在有些馬桶沒有管距的限制，但如果心中已有既定喜愛的品牌、款式，建議要先詢問管距尺寸，就能告知水電師傅。

省水馬桶怎麼挑？

省水馬桶分為一段式及二段式，二段式省水馬桶可依大小號需求達到省水功效，大號沖水 6 公升，小號沖水 3 公升是目前較為普及的省水馬桶，選購時還可比一比沖水量的公升數，沖水量越少的公升數，越能節省水費，只要是 6 公升以下均符合省水標準。另一方面，選擇使用奈米陶瓷材質技術的瓷漆，也能使馬桶表面不易附著髒汙，防汙力高，只要使用小水量也能沖乾淨。

馬桶沖力有哪些？

1. 洗落式：歐洲國家使用率較高，利用水流的衝力排汙，沖力強、用水量省是一大優點，但是排汙時噪音大且容易濺水。

2. 虹吸式：以虹吸效果吸入污物，所以水量是虹吸效果好壞的重要關鍵，往往必須到 12 公升，用水量相對較大，且由於壁管長、彎度多，比較容易阻塞，但聲音來得小。

3. 噴射虹吸式馬桶：是虹吸式馬桶的改進，兼顧了直沖和虹吸的優點，在虹吸式便器的基礎上增設噴射出口，加強馬桶的沖水力道。

小心施工！

1. 乾式施工要特別留意衛浴空間水平的問題，水平狀況不佳的話，容易有傾斜滲水情況。

2. 濕式施工要預留熱漲冷縮的空間，不能全部填滿水泥。

1 拆除
2 水電
3 鋁窗
4 泥作
5 空調
6 木作
7 系統櫃
8 油漆
9 木地板
10 大理石
11 玻璃
12 鐵件&五金
13 廚具
14 衛浴
15 燈具
16 窗簾
附錄

14-③ 龍頭五金

『100% 電解銅製作可避免化學變化！』

Dr.Home 良心話

龍頭五金的電鍍技術越來越好，平常保養也都非常方便，但如果是住在溫泉區的話，建議選用不含鉛的不鏽鋼材質，或是挑選 100% 電解銅製作的龍頭，避免產生化學變化。

功能越多價格越貴

淋浴花灑

多少錢？約 **NT.4,000~ 數萬** 元不等（根據國產、進口品牌而定）

⚒ 怎麼挑才對？

1. 淋浴龍頭在材質上塑膠鍍鉻、黃銅鍍鉻兩種，後者較為耐用且質感佳，如果只是單純的淋浴花灑，不論是手持或是固定式，平價品牌約莫在 NT.5,000 元上下。

2. 其它像是控溫龍頭或是兼具 SPA 效果、可調節出水方式的淋浴龍頭，單價上就會稍高一些，以及進口品牌如使用到特殊處理，如電鍍 24K 金，單價恐怕都得超過 NT.50,000 元。

圖片提供 © 幸福生活研究院

🔨 小心施工！

1. 如果是選擇有淋浴柱功能的花灑，必須了解淋浴柱的基本水壓，通常是在 2 ～ 3.5 公斤之間，但舊公寓、大廈多半水壓都不夠，所以必須加裝加壓馬達，淋浴柱的 SPA 效果才會好

2. 另外要確認淋浴柱的高度和進水管的管距是否與自家浴室空間吻合，尤其進口產品和國內規格會有出入，選購時要特別注意規格尺寸。如果同時又要安裝按摩浴缸、蓮蓬頭與浴柱等，也得安裝水路轉換器。

溫泉區要選不鏽鋼電鍍

水龍頭

多少錢？約 **NT.4,000~ 數萬**元不等
（根據國產、進口品牌而定）

圖片提供 © 甘納空間設計

怎麼挑才對？

1. 水龍頭的材質又分鋅合金、銅鍍鉻、不鏽鋼、電解銅等，鋅合金成本低，使用年限也較短，銅製水龍頭則因銅的比重不同，品質也有差別。

2. 另有 100% 電解銅，結合大型壓鑄機擠壓成型，可確保銅料純淨無雜質、無氣孔，最後更通過 96 小時以上的破壞性鹽霧測試，加上鍍銅後又再鍍上兩層鎳，以達到高強度的抗腐蝕、抗磨損功能。

3. 不鏽鋼材質表面以電鍍處理，也比較耐用且不易變質，因而常適用於溫泉區。

小心保養！

1. 如果是鍍金或特別設計如鑲嵌水晶的龍頭，在清潔時必須特別小心，建議使用清水和棉布輕輕擦拭即可，若使用不當的清潔劑，會造成掉色的危險。

2. 清水和棉布無法擦掉髒污時，可改用中性清潔劑，但千萬不可以用菜瓜布刷洗，以免破壞龍頭表面的電鍍，讓龍頭表面刮傷而永久受損。

3. 銅製龍頭，可以熱水或水蠟去除水漬，平常隨時保持龍頭乾燥，可預防水漬的問題，清潔的方式則使用海綿或抹布擦拭。若水漬較為嚴重，建議使用熱水或車用水蠟即可去除上面的水漬。

通過酸性鹽霧測試最耐用

置物籃、毛巾架

多少錢？約 **NT.1,000~ 數千**元不等
（根據國產、進口品牌而定）

怎麼挑才對？

1. 市面上的五金配件包含塑膠、ABS 樹脂、鋅合金和表面經過鍍鉻處理的銅或不鏽鋼配件，以使用年限來說，銅鍍鉻會比不鏽鋼鍍鉻來得好。

2. 另有特 A 級優質黃銅，含銅量高、硬度高、雜質少且不易變形。

3. 另外要比電鍍、拋光的工藝技術和抗強酸腐蝕測試，尤其是銅製品電鍍後表面非常平整光滑，還能鍍上 K 金增加高級感。

4. 更重要的是功能性，比方像是毛巾桿有單槓和雙槓，雙槓上方還有平檯可以置放衣物，衛生紙架亦有捲筒和抽取式置物籃可選擇，採購之前最好想清楚自己的習慣，同時也慎選有品牌的產品，品質更有保障。

小心安裝！

由於浴室的五金配件大多需要鑽孔安裝。因此，選購時須注意家中浴室牆壁是否為空心，如果是空心無法鑽牆，可用黏貼式五金取代。

1 拆除
2 水電
3 鋁窗
4 泥作
5 空調
6 木作
7 系統櫃
8 油漆
9 木地板
10 大理石
11 玻璃
12 鐵件＆五金
13 廚具
14 衛浴
15 燈具
16 窗簾
附錄

14-4 浴缸

『鑄鐵材質保溫佳，壓克力材質最便宜』

Dr.Home 良心話

市面上販售的浴缸種類十分多樣，以材質來區分，大致上包括壓克力、鋼板塘瓷、鑄鐵、玻璃以及 FRP 玻璃纖維，整體來說，以鑄鐵浴缸的保溫效果最好，再來是鋼板琺瑯、壓克力材質浴缸，玻璃浴缸保溫效果則較差。

質輕耐用、種類多樣化

壓克力 & 玻璃纖維

多少錢？約 **NT.4,000～ 數萬**元不等（根據國產、進口品牌而異）

特色是什麼？

壓克力以合成樹脂材料壓克力為原料製作而成，質輕耐用是其特點，但是因為種類多樣，在市場上的價格落差也相當大，有些進口品牌甚至高達數萬元以上，然而值得注意的是，目前壓克力浴缸也多結合玻璃纖維，藉此強化其硬度。

圖片提供 © 幸福生活研究院

保溫效果最佳，使用年限長

鑄鐵浴缸

多少錢？約 **NT.40,000~100,000** 元（根據國產、進口品牌而異）

特色是什麼？

則是極其耐用的材料，但因為製作成本高，價格普遍較高，且體積笨重不易搬運。

色澤美觀、表面光滑易整理

鋼板琺瑯

多少錢？約 **NT.10,000~ 數萬** 元不等（根據國產、進口品牌而異）

特色是什麼？

鋼板琺瑯浴缸通常則是由厚度 1.5-3mm 的鋼板製成，硬度比起壓克力材質好，且鋼板又會再上一層琺瑯處理，因此表面光滑好清潔，便宜的品牌多在 NT15,000 元上下就能入手。

小心保養！

1. 人造石的毛細孔明顯，必需及時清理以免留下污垢。

2. 人造石的材質偏軟且不耐高溫，應避免直接倒入滾燙的熱水。

浴缸材質價格比較

材質	價位	特色
壓克力 & 玻璃纖維	NT.40,000-100,000 元	**質輕耐用、種類多樣化。**
鑄鐵	NT.40,000-100,000 元	**保溫效果最佳，使用年限長。**
鋼板琺瑯	NT.10,000~ 數萬元不等，根據國產、進口品牌而異。	**色澤美觀、表面光滑易整理。**

1 拆除
2 水電
3 鋁窗
4 泥作
5 空調
6 木作
7 系統櫃
8 油漆
9 木地板
10 大理石
11 玻璃
12 鐵件 & 五金
13 廚具
14 衛浴
15 燈具
16 窗簾
附錄

14-⑤ 排風乾燥設備

『暖風乾燥機記得預留電源』

Dr.Home 良心話

現代人越來越重視衛浴品質，暖風乾燥機甚至也成為新大樓基本的附贈設備，好處是冬天洗澡不怕冷，夏天洗澡也不會太悶熱，如果沒辦法更改電線的話，那就可以用排風扇！

不用獨立電源，安裝簡單！

換氣扇

多少錢？約 **NT.799~1,200** 元左右（視品牌而定）

✌ 怎麼挑才對？

1. 根據浴室坪數選擇排風量，再來就是注意馬達的品質，是否具備低於 40 的噪音值，目前各廠牌幾乎都可達到 40 分貝以下的噪音值。

2. 排風扇出風口必須設有逆止閥門設計，保證空氣流向只出不進，才能確保排氣效能，而且當風扇靜止時，也能防止蚊蟲、異味從管道間而來。

🔨 小心施工！

1. 必須先提供水電師傅安裝機種的尺寸規格。

2. 一般換氣扇的開關由浴室電燈開關所控制，若想單獨規劃，務必先提出與水電師傅溝通。

攝影 ©Patricia

冬天洗澡也不怕冷！

多功能 換氣暖風乾燥機

多少錢？約 **NT.10,000~20,000** 元左右（視品牌而定）

1 拆除
2 水電
3 鋁窗
4 泥作
5 空調
6 木作
7 系統櫃
8 油漆
9 木地板
10 大理石
11 玻璃
12 鐵件 & 五金
13 廚具
14 衛浴
15 燈具
16 窗簾
附錄

怎麼挑才對？

1. 浴室坪數在 1～2 坪左右，建議使用 110V、熱功能率 1150W 左右的暖風機。

2. 大坪數浴室則建議使用 220V、2200W 左右的高熱能功率暖風機，但不論坪數大小為何，暖風機務必應採取獨立電源使用才安全。

圖片提供 © 幸福生活研究院

小心施工！

1. 暖風機必須在水電工程進行時預留管線位置，尤其是暖風機最好使用專用電源及獨立開關，以免發生危險意外。

2. 機體的安裝位置，以浴室中央為佳，如果是乾濕分離衛浴，建議裝設在乾燥區，再將出風口對著淋浴間，洗澡時就能獲得最佳暖房效果。

3. 機體距離地面至少要有 1.8 公尺以上，與天花板之間因為還需要加裝排氣孔，所以天花板和樓板之間的高度不能小於 30 公分，機體裝設位置的天花板結構也需增加強度，確保能安裝牢固，且避免裝設在淋浴或浴缸處上方，造成機器受潮。

暖風機種比較

熱源系統	優點	缺點
鹵素燈管	利用燈管內的電熱絲發熱產生暖氣，加熱速度快，適合小浴室使用，還能兼作照明。	電熱絲發熱時溫度相當高，耗氧量相對大，使用久了會覺得過於悶熱，而且越靠近發熱源熱度越高，距離越遠會有溫差。
陶瓷燈管	以電流通過陶瓷板進行加熱，再利用風扇循環擴散熱氣，耗氧量低、機器耐濕。	風扇噪音較大，加熱器衰減必須再替換。
碳素燈管	原理與鹵素燈管相似，不過是將金屬絲改以碳素纖維，熱轉換率高，達到暖房效果的速度快，相對也較省電，有些廠牌甚至推出雙馬達雙風道的設計，可同時使用暖房與換氣功能。	主機附近的溫度稍高。

Dr.Home
小提醒

做完了!看這裡

1 不論是浴缸出水龍頭還是面盆出水龍頭,都要注意完工後是否有歪斜,並打開測試水流量是否正常。

2 完工後應檢查馬桶與地面接縫處是否有滲水的情況,建議隔24小時候再使用為佳。

3 浴缸安裝後矽膠固化要長達24小時,在這段時間不要使用,避免發生滲水。

監工要注意

1 一般面盆龍頭要有去水器、提拉桿和龍頭固定螺栓、固定銅片和墊片。

2 適用浴缸的龍頭,則還有花灑、進水軟管、支架等標準配件。

3 安裝分離式馬桶要確實每個接點環節,與磁磚的收邊要處理完善,避免排水不良產生異味。

4 浴缸裝設時要考慮邊牆的支撐度,否則水量多跟少上下移位的關係,可能會產生裂縫進而滲水。

5 浴缸底座要確實做防水處理,防水粉刷做好之後再來裝設浴缸。

衛浴工程費用一覽表

項目	價格	附註
面盆	約 NT.4,500 ～數萬元不等 （視產地、材質而定）	陶瓷材質最耐用
馬桶	約 NT.6,000 ～ 10,000 元 （視品牌而定）	注意乾、濕式施工
龍頭五金	NT.4,000 元～數萬元不等 （根據國產、進口品牌而定）	
浴缸	NT.4,000 元～數萬元不等 （根據材質、國產、進口品牌而定）	鑄鐵材質最保溫
暖風機	約 NT.10,000 ～ 20,000 元左右 （視品牌而定）	
排風扇	約 NT.799 ～ 1,200 元左右 （視品牌而定）	

※ 衛浴工程費用主要為品牌價差。

1 拆除
2 水電
3 鋁窗
4 泥作
5 空調
6 木作
7 系統櫃
8 油漆
9 木地板
10 大理石
11 玻璃
12 鐵件＆五金
13 廚具
14 衛浴
15 燈具
16 窗簾
附錄

燈具費用、未來電費，都要納入預算評估

這些做最省錢

❶ **傳統嵌燈都是使用鹵素燈 50 瓦的居多，現在 LED 燈取而代之。** LED 燈耗電量少更省電，不過要注意 LED 燈的驅動器最怕熱，所以裝設燈具的地方要預留空間方便更換驅動器。

❷ **感應式照明可避免不必要的光源浪費。** 例如玄關、走道或者庭園陽台的光源可採用感應式照明控制，當有人靠近自動開燈，無人時則自動熄燈，以便省下不必要的耗電。

❸ 若預算不夠無法裝設木作天花時，除了裝設吸頂燈，**可將燈管放在高櫃的頂端，或是以立燈向上、壁燈向上下打燈的方法，皆能達到間接照明效果。**

▶ **燈具費用 Check!**

預算比例

❶ **一般約佔總工程預算的 5%。** 如果只是為了讓居住環境變得更明亮，所需費用不高。

❷ 若因**管線老舊須更新，就必須考量管線是否做外露式設計**，不然重新埋管線、調整位置，會牽動更多裝修項目，預算也會大幅攀升，最好請專業設計師做個案評估。

❸ **照明設備更新費用分為管線與燈具二部份**，中坪數住宅水電管線更新約 NT.100,000 ～ 150,000 元左右，基礎照明燈具約 NT.20,000 ～ 30,000 元。

❹ **空間照度可依坪數作粗估**，每坪約需 60 瓦，再依屋高與自然光調整。

費用陷阱

陷阱① 一整圈間接照明光帶，可能要裝到 20 支燈管才能達到效果，除了燈具本身價錢，還要考量日後耗電量。但間接燈光是住家重要情境營造手法，建議可**用不同開關切換所需明暗，才是最聰明的使用方式。**

陷阱② **要先確認使用廠牌。**燈具的品質因品牌、製造地而不同，價差可達三倍。

陷阱③ **除了價格考量，同時也要注意燈具噴漆細節、使用壽命**等，才不會看似很便宜，但卻一下就壞了，或是發光效率低，反而得不償失！

千萬不能省

① 一般家庭多以天花主燈作為廚房主光源，但容易背光而形成陰影，不方便又危險。**可在吊櫃下方位置加設層板燈光、並以能夠保持原色的螢光燈為佳；**或是在廚櫃內加設燈光，減少視覺死角。

② **浴室內燈具應挑有 CNS 國家認證的合格防潮燈具，**或選用防護係數 IP45 的燈具，透過燈罩的密閉設計、避免空氣中的溼氣與燈泡接觸，預防觸電危險。

③ **燈泡（管）不是玻璃，不能直接放入廢玻璃類做回收，**應送至清潔隊資源回收車、照明光源販賣業者、回收商進行回收，或者送至鄰近的居家賣場，通常大賣場都設有專門回收處，做專業後續處理。

圖片提供 ©Partidesign

15-❶ 燈具種類

Dr.Home 良心話

『LED 亮不亮在於流明數而非瓦數，吊燈千萬要加強天花結構！』

隨著住宅本身的基地位置、環境構造、採光方向、空間需求等，有太多變數因子，但基本配置邏輯仍有跡可循，遵循「燈不直接照人」、「避開人常經過處」、「背光照明方式」的 3 大準則，塑造兼具美感和舒適性的照明設計。

BB 嵌燈最亮，LED 嵌燈適合局部照明

嵌燈	多少錢？ LED 約 **NT.800** 元／盞（飛利浦 6.5 瓦）
	BB 嵌燈（省電燈泡）約 **NT.450** 元／盞
	鹵素燈 約 **NT.350** 元／盞

✄ 什麼時候用？

LED 燈發散光源屬於「點光源」，光源集中，方向性明確，不像省電燈泡的照明範圍廣，因此不適合當主要光源，可用於走玄關、走廊或展示照明。BB 嵌燈屬於漫射光源，適合用在廚房等需要大範圍明亮的區域。

⚒ 小心施工！

1. 嵌燈施工時最重要的是預留高度。現在 LED 最常用的是 9.5 公分的嵌燈，天花只要有 10 公分厚度都可以施作。省電燈泡（BB 燈泡）約 12-15 公分，天花留到 15 公分確保能順利安裝，同時維持日後的散熱。

2. 鹵素燈的使用壽命較短，點亮後大概 20 秒就會發燙，使用上需格外注意。

圖片提供 ◎ 力口建築

搭配天花板運用最多

日光燈管

多少錢？約 **NT.430** 元／座 (28 瓦；含燈管、燈座)

圖片提供 © 雲墨空間設計

什麼時候用？

日光燈色溫的選擇很多，不但分為黃光與白光，色溫從 2600K 至 6500K 以上均有，對於想要讓臥室顯現溫暖氛圍的人可以選擇色溫較低的日光燈。

小心施工！

1. 日光燈也稱為螢光管，與傳統電燈泡（白熾燈）相較，因為有更高比例的電能可被轉化為可見光，所以給人更明亮的印象。

2. 現在多為 T5 燈，比傳統 T8 約省電 40%。

3. 流明天花、間接天花多使用日光燈管，明亮的漫射光，加上不會直接看到燈具而感到刺眼。

日光燈色溫＆呈現氛圍

參考色溫（K）	光色表現	環境氛圍
7100 ～ 5700	晝光色	清涼
5400 ～ 4600	晝白色	自然光色
4500 ～ 3900	白色	自然光色
3150 ～ 2600	燈泡色	溫暖

出線位置要留對

壁燈

多少錢？約 **NT.2,500** 元／盞

圖片提供 © 雲墨空間設計

什麼時候用？

壁燈常見於床頭閱讀、走道、樓梯的照明等，可以透過各式燈具造型與色溫去演示住家各個角落的光影表情。

小心施工！

1. 事前的空間規劃要做好，確認傢具尺寸與硬體的相對位置、走道的動線規劃等，壁燈位置才能留得更精確，保障未來使用的便利性。

2. 出線位置要留對，不然床頭燈跟床離個十萬八千里就糗大了！

1 拆除
2 水電
3 鋁窗
4 泥作
5 空調
6 木作
7 系統櫃
8 油漆
9 木地板
10 大理石
11 玻璃
12 鐵件＆五金
13 廚具
14 衛浴
15 燈具
16 窗簾
附錄

怎麼調都行，線性移動超方便

軌道燈

多少錢？**軌道**約 **NT.200** 元／米

燈具約 **NT.450** 元／盞

圖片提供 ©Patricia

✌ 什麼時候用？

軌道燈燈具一定是外露的，可以加強、延伸局部照明，在軌道的範圍內，皆能調整角度、移動、甚至增減燈具，無需擔心電線外露影響美觀。

⚒ 小心施工！

1. 安裝簡單，不需要在天花板挖洞，將軌道鎖在天花板上，軌道內設有兩個鐵片，只要把軌道燈轉上去、通電即可點亮。

2. 燈具本身需要有扣環才能鎖在軌道上。因軌道內部鐵片會通電，更換燈具時要小心。

記得強化天花板免得禍從天降

吊燈

多少錢？約 **NT. 數千 ~ 上萬** 元／盞（餐廳主燈）

NT.2,500~3,000 元／盞（房間吊燈）

✌ 什麼時候用？

吊燈的高度設定應由不同區域的燈光效果，以及有無人行走的需求來做全盤考量。記得在木工施作的時候預先跟師傅說好吊燈的位置，請他先下角料、板材作加強。

⚒ 小心施工！

1. 現在少用矽酸鈣板作為天花板面材，由於矽酸鈣板本身是沒承重力的，所以要裝設吊燈時，就得要請木工師傅先在安裝位置利用角料、夾板加強固定。

2. 屋高不夠不建議將天花板封板、作吊燈設計，以免過於壓迫。

3. 吊燈主要會位在空間中央，光源是由中心向四周漸暗，可在四周角落利用嵌燈或桌燈、立燈，做光線補強。

圖片提供 ©PartiDesign

要注意防水以防漏電

地底燈

多少錢？約 **NT.1,050** 元 / 組

什麼時候用？

地底燈多用在動線或戶外空間，考量到安全與便利性，常常需要長時間連續使用，建議可選擇耐用、省電的 LED 燈。

小心施工！

1. 要先知道燈具高度，預留地坪深度。例如架設南方松地坪整體高度通常約有 7 公分，剛好可以容納 6.5 公分高度 LED 燈。
2. 地底燈本身膠圈本身就能防水，注意電線與變壓器等零件也要有防水設計。

圖片提供 © 雲墨空間設計

可直接鎖在水泥天花結構

吸頂燈

多少錢？約 **NT.750~ 上萬** 元 / 盞

什麼時候用？

無需挖洞，只要配合出線位置就能直接鎖在天花板，比較常見於沒有做天花板的住家。可依造型、需求放置日光燈管、省電燈泡，可加裝玻璃罩，有時會稱作「鐘乳石燈」。

小心施工！

1. 房間建議使用吸頂燈，壓迫感較小。
2. 廚房、衛浴等空間因天花板裝管路有時會比較低，裝設壓克力吸頂燈，燈具不會過大、過重。
3. 有做木作天花板，裝設吸頂燈一樣要作加強動作，因為螺絲還是得固定在角材上。

圖片提供 © 雲墨空間設計

燈泡種類 & 特性

種類	特性	優點	缺點
鎢絲燈	似蠟燭效果，光影較微弱	**具光影質感**	耗電、損耗率高
鹵素燈	演色效果佳，光感清晰	**色彩呈現漂亮，投射性強可打出光影感**	熱能高耗電易壞
日光燈	光感自然	**大面積泛光機能性強**	光影較單調
LED	省電、投射角度多	**可結合情境系統階段性調整，體積小**	單價較高

1 拆除
2 水電
3 鋁窗
4 泥作
5 空調
6 木作
7 系統櫃
8 油漆
9 木地板
10 大理石
11 玻璃
12 鐵件 & 五金
13 廚具
14 衛浴
15 燈具
16 窗簾
附錄

好看又夠亮的重點照明選擇

盒燈　　多少錢？約 **NT.1,500** 元／組（單顆式盒燈、零件）

什麼時候用？

盒燈通常也是作為重點照明，內嵌於天花板當中，相較於嵌燈只能前後微調，盒燈可 360 度調整。

小心施工！

1. 盒燈是制式商品，燈具是做在鐵盒中，可依需求選擇數量。

2. 天花深度約需要 15 公分。

3. 因為現在盒燈幾乎都是無邊設計，要確保邊縫是筆直的，所以開孔位置要請木工師傅預留，尺寸會較精準，之後燈具安裝時直接卡入即可。

Dr.Home 小提醒

做完了！看這裡

1 都要開開看燈具是否會亮。

2 觀察間接照明是否斷光。因為燈管兩端不會亮，所以要交錯設置，才能保持完整光帶亮度。

3 若使用不久燈具就發現損壞、不亮，要盡快請設計師、廠商作替換。

監工要注意

1 為了家人健康考量，燈槽最好約二～三個月清理一次，但因間接光源燈槽多在高處，可藉由吸塵器做清理來改善落塵問題。

2 省電燈泡屬於螢光燈系燈具，運用氣體放電產生紫外線照射於管壁的螢光粉而發光，由於傳統鎢絲燈泡是透過電流通過燈絲線圈而發光，鎢絲燈泡的電能大多轉為熱能，只有少數用來發光，二者相較之下螢光燈具因其省電優勢而得其名。

3 傳統設計師多選擇演色性最佳的鹵素燈作為展示用燈光，鹵素燈耗電、而且容易過熱，容易傷害真蹟畫作或古董，所以具備同樣有聚光效果的點狀式 LED 燈光照明，因其省電、光源為冷光型，所以漸漸取而代之。

4. 燈光通常多以全區同步開關設計，若同一空間內想要分區使用間接光源的話，記得事先與水電師傅商量做成多個迴路開關、方便使用時可視需求切換。

燈具工程費用一覽表

項目	價格	附註
嵌燈	LED NT.800 元／盞（飛利浦 6.5 瓦） BB 嵌燈（省電燈泡）NT.450 元／盞 鹵素燈 NT.350 元／盞	
日光燈	NT.430 元／座	28 瓦；含燈管、燈座
軌道燈	軌道約 NT.200 元／米 燈具 NT.450 元／盞	
吊燈	NT. 數千～上萬元／盞（餐廳主燈） NT.2,500 ～ 3,000 元／盞（房間吊燈）	
壁燈	NT.2,500 元／盞	
地底燈	NT.1,050 元／組	
盒燈	NT.1,500 元／組	單顆式盒燈、零件
吸頂燈	NT.750 ～上萬元／盞	

※燈具工程費用較無南北差異。

1 拆除
2 水電
3 鋁窗
4 泥作
5 空調
6 木作
7 系統櫃
8 油漆
9 木地板
10 大理石
11 玻璃
12 鐵件＆五金
13 廚具
14 衛浴
15 燈具
16 窗簾
附錄

蛇形簾
要加車工費，
捲簾
物美價廉

▶ 窗簾費用 Check!

千萬不能省

❶ **窗簾應超出窗框約 10 公分左右**，不僅是為了美觀，也能有效遮光，比較不會漏光。

❷ **雙層式的窗簾設計**，則**窗簾盒預留空間**就需要再加深，記得事先**請木工師傅預留**。

❸ 若窗簾是用在**潮濕處**，零件記得要使用防鏽的。

❹ 家中有小孩或寵物的家庭，最好**選用無繩式窗簾避免危險**。

預算比例

❶ 窗簾工程通常約占總工程預算比例**5% 以下**，視所需要的美觀、機能需求而定。

❷ 預算有限，可以**「區域＋展示效果」**做考量，將較多預算規劃客、餐廳或主臥等區域；其它區域則以遮光、隔熱機能為主。

❸ 鋁百葉、M型軌道窗簾、捲簾會是**住家較實用、相對較便宜的選擇。**當然在布料挑選盡量以合成纖維、簡單圖樣為主。

① 不一定要安裝窗簾盒，**直接加裝橫桿即可，可省下不少木工施作費用。**

② **選擇印花布料會比緹花布料來的便宜。**

③ **捲簾、鋁百葉等會有基本才數限制，**即使是作小窗也是同樣價格，在做大窗時盡量不要裁切分割，達到**基本材數會比較省。**

費用陷阱

陷阱① **窗簾的型式會影響布料的使用多寡、工資高低，**在挑選喜愛的風格時，記得要先請廠商或設計師先幫你估估看。

陷阱② 除了價格考量，**窗簾縫製手工好不好也是窗簾美觀與否的關鍵。**

陷阱③ **有些窗紗材質會比窗簾來的貴，**所以挑選時要小心。

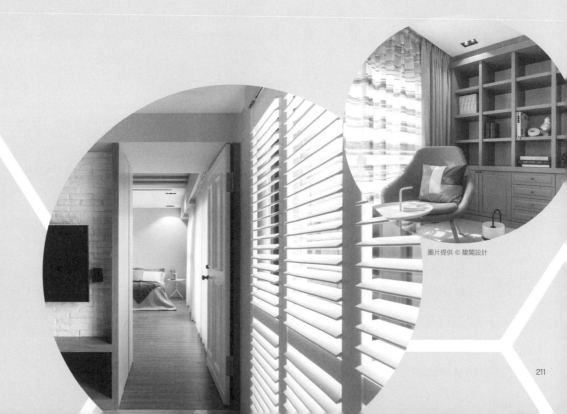

圖片提供 © 馥閣設計

16-1 窗簾種類

『布料種類＋施作方式會決定費用多寡！』

Dr.Home 良心話

窗簾多以碼或尺計價，布料價格差異極大。估價方式可以「用布量」乘上布品單價，另外再加車工工資與軌道費用。形式可分為打洞式、傳統M形軌道窗簾、蛇型簾等等，形式不同、用布量也有很大的差異，將會連帶影響預算高低。

泛用性佳，便宜好用

捲簾　　多少錢？約 **NT.100~300** 元/才（基本材15才）

✌ 什麼時候用？

捲簾布料要夠硬，並具備一定重量才能順利拉動，有時可加裝垂片。通常使用合成纖維材質，表面經特殊處理，灰塵不易附著，可採防水材質，以便用於浴室等地。

✐ 小心施工！

1. 捲簾平面造型輕薄不佔空間，使用操作簡單，可依需求調整捲的方向。裝設窗簾盒時建議預留10公分左右深度。

2. 價格平實，材質方便保養；可自行 DIY 組裝。

3. 在定位時固定架須離邊至少1公分以上，以免影響捲軸裝設。另外，橫式窗簾施工時須注意水平，以免完工後施力易產生左偏或右偏問題。

✋ 清潔這樣做！

局部髒污可利用膠帶黏貼之後，以小牙刷沾牙膏輕刷，最後再用濕毛巾擰乾擦淨。

圖片提供◎PartiDesign

立體波浪超氣派，但是布料省不了

蛇形簾	多少錢？約 **NT.200** 元起跳 / 碼（依布料價格而定）
	車工約 **NT.280** 元 / 尺

🕯️ 什麼時候用？

蛇形簾擺幅大，看起來比較立體、美觀；有單邊開與對開等方式。窗摺與窗摺之間的間隔比傳統式窗簾來得更密，約為6～8公分，想追求美麗的蛇形簾波浪，布料可不能省。

圖片提供©PartiDesign

⚒️ 小心施工！

1. 蛇形簾的布料需要增加到窗框的 2.5 倍以上。

2. 蛇形簾摺襉幅度較大，窗簾盒需預留 15 公分以上深度，雙層蛇形簾則需 25 ～ 30 公分。

3. 建議最好是一層蛇形簾搭配一層傳統軌道簾。雙層蛇形簾很容易造成兩片窗簾打架，或是因窗簾深度增加而佔用過多的室內空間。

💡 估價單有雷！

如果選用蛇形簾，除了布料本身的費用之外，必須注意在估價單內一定會有一項"車工"的費用，有些廠商是以"尺"計價，也有的會用"式"。而選用的布料品牌、編號也應詳細標註。

保留間距，使用不卡卡

鋁百葉

多少錢？約 **NT. 數 10~100** 元/才（基本材15才）

🐰 什麼時候用？

透過葉片角度控制，可調節室內光源並阻隔紫外線，有多種顏色可選擇。一般為 25mm 寬度，也有 16mm 可選擇；葉片使用久了容易有「微笑紋」產生。

🔨 小心施工！

1. 緊鄰的兩扇窗裝設百葉時，兩窗之間需留 1～2 公分間距，避免垂下或拉起時，兩扇葉片互相卡住。

2. 可依據窗型比例，搭配不同葉片寬度。

🖐 清潔這樣做！

1. 緊鄰的兩扇窗裝設百葉時，兩窗之間需留 1～2 公分間距，避免垂下或拉起時，兩扇葉片互相卡住。

2. 可依據窗型比例，搭配不同葉片寬度。

圖片提供 © 養樂多空間設計

💡 估價單有雷！

注意！鋁百葉的估價單必須要有 16mm 或 25mm 的寬度尺寸和顏色標註，不僅如此，更明確的寫法還要註明窗戶本身的尺寸。

加裝電動馬達較實用

木百葉簾　多少錢？約 **NT.130~200** 元 / 才

電動馬達＋軌道 約 **NT.10,000~30,000** 元 / 組（分為國產、進口）

什麼時候用？

視感溫暖自然，在兼顧隱私的前提下，可調節光源，也不會有傳統布料的塵、過敏問題。但重量相當重，建議加裝電動馬達解決。

小心施工！

1. 木百葉簾很重，裝設前記得在天花加裝夾板、角材，強化承重力。

2. 整個放下來時，風吹動容易打到牆壁會造成聲響。

3. 因材質關係要小心發霉問題。

4. 如果是緊鄰的兩扇窗，裝設百葉時，兩窗之間需留 1-2 公分的間距，避免垂下或拉起時，兩扇葉片互相卡住。

5. 安裝時要注意水平，以免完工後施力易產生左偏或右偏問題。

圖片提供 © 馥閣設計

1 拆除
2 水電
3 鋁窗
4 泥作
5 空調
6 木作
7 系統櫃
8 油漆
9 木地板
10 大理石
11 玻璃
12 鐵件＆五金
13 廚具
14 衛浴
15 燈具
16 窗簾
附錄

入門常見款，市場接受度最高

傳統 M 形軌道窗簾

多少錢？約 **NT.2,000~3,000** 元 / 碼
（進口品牌）

✌ 什麼時候用？

傳統 M 型軌道窗簾，又稱勾針簾或滑桿簾，是台灣市場最常見的窗簾形式。每個窗摺與窗摺之間的間隔大約為 10～12cm，布料的寬度通常要是窗框寬度的 2 倍以上，做出來的窗摺才會漂亮。

圖片提供◎□□設計

⚒ 小心施工！

1. 窗簾布以「碼」為計價單位。各品牌的價位，與花色的設計、布料使用的纖維、織法難度等等因素有關，每碼的價格從台幣數十元到數千元皆有。

2. 可利用一層窗簾一層紗的搭配手法，讓視覺層次更加豐富；窗紗設置在窗簾前後都可以。

📋 各式窗簾比較

種類	特色	優點	缺點
落地簾	長度長，可以遮蓋整片窗戶，遮光效果佳。	**有效遮光，防塵效果佳。**	需要經常拆洗，保養手續較複雜。
捲簾	平面造型，輕薄不佔空間，透過轉軸傳動，使用操作簡單。	**不易沾染落塵，無需擔心塵蟎過敏問題，且維護保養便利。**	不適用大面積窗型。
百葉簾	透過葉片控制角度，可以調節室內光源並阻絕紫外線。	**可依據窗型比例，搭配不同葉片寬度。**	葉片保養不易。

大開窗救星，遙控好方便

電動捲簾

多少錢？約 **NT.100~300** 元/才（基本材 15 才）

捲簾馬達：**NT.20,000** 元/組（進口）

馬達軌道連動器：**NT.3,000** 元/個（進口）

馬達遙控器（一對一）：**NT.3,500** 元/個

什麼時候用？

多使用於大面落地窗、或是挑高住家，解決手動捲簾過重、難拉動的缺點。具有遙控功能，毋須走近窗簾就能自由調整。

小心施工！

1. 電動式須考慮隱藏馬達的設計。
2. 窗戶邊記得規劃電源。
3. 捲簾的馬達通常隱藏在捲軸內，但不同國家製造的馬達功能與效果不同，選擇有口碑的廠牌或廠商可避免日後故障的機率。

估價單有雷！

電動捲簾的馬達遙控器有一對一、一對二、一對四的選擇，同一個空間中如果有多扇窗要配置電動捲簾，就可增加發射器，但記得遙控器也要跟著改變，所以估價單的馬達遙控器會附註說明是一對一或是一對二。

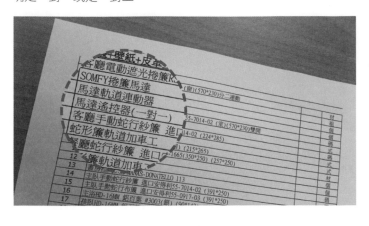

1 拆除
2 水電
3 鋁窗
4 泥作
5 空調
6 木作
7 系統櫃
8 油漆
9 木地板
10 大理石
11 玻璃
12 鐵件＆五金
13 廚具
14 衛浴
15 燈具
16 窗簾
附錄

窗簾中的貴族，顏色款式選擇少

柔紗簾　　　多少錢？約 **NT.250~300** 元/才

什麼時候用？

柔紗簾是紗＋布的設計，可適用於落地窗。為口字型設計，可透過簾片角度的調整，達到更好的光源調節效果。

小心施工！

1. 柔光簾價格較貴，同時有寬幅限制。
2. 要將窗簾拉到底才能進行調光的動作。
3. 顏色多走素雅路線，選擇不多。

圖片提供 © 雲墨空間設計

Dr.Home 小提醒

做完了！看這裡

1 一定要拉拉看，看窗簾是否有確實固定、會不會掉落；以及測試軌道順不順，施力時是否順暢無礙。
2 驗收時可檢查整體布面的剪裁車縫是否符合預期、窗紗的簾頭與縐褶處理是否完善，另外還需留意邊緣是否有毛邊。
3 完工後要檢視窗簾盒的水平及穩定度是否足夠，窗簾盒是否牢固會直接影響窗簾的使用年限。

使用注意

1 家中若有幼兒，窗簾建議可請廠商加裝拉繩固定器，固定器在一般的傢飾量販店都購買得到，自行安裝相當簡便。也可以選擇拉棒或遙控等無繩的窗簾系統。
2 若長期受陽光照射，天然布料褪色是正常現象。
3 窗簾最好每隔半年就清潔一次。長年累積灰塵會讓窗簾成為塵蟎與細菌的溫床，更會導致使用壽命縮短。
4 落地窗窗簾標準的長度是離地 1 公分，過長或過短都不好看
5 窗簾盒主要用途為修飾軌道、遮蔽窗戶縫隙。
6 垂直拉動窗簾線，窗簾會較不容易壞。

窗簾工程費用一覽表

項目	價格	附註
蛇形簾	依布料價格而定 車工 NT.280 元 / 尺	
捲簾	NT.100 ～ 300 元 / 才（基本材 15 才）	最常見
鋁百葉	NT. 數 10 ～ 100 元 / 才（基本材 15 才）	
木百葉簾	NT.130 ～ 200 元 / 才 電動馬達＋軌道 NT.10,000 ～ 30,000 元 / 組 （分國產或是進口）	我最重
傳統 M 形軌道窗簾	約依照布料價格而定	
電動捲簾	約 NT.100 ～ 300 元 / 才（基本材 15 才） 捲簾馬達：NT.20,000 元 / 組 馬達軌道連動器：NT. 3,000 元 / 個 馬達遙控器（一對一）：NT.3,500 元 / 個	
柔紗簾	NT. 250 ～ 300 元 / 才	我最貴

※ 窗簾工程費用較無南北差異。

1 拆除
2 水電
3 鋁窗
4 泥作
5 空調
6 木作
7 系統櫃
8 油漆
9 木地板
10 大理石
11 玻璃
12 鐵件＆五金
13 廚具
14 衛浴
15 燈具
16 窗簾
附錄

附錄　搞懂裝潢行情專家群

設計師資訊

雲墨空間設計
謝維超　主持設計師
TEL：02-2620-9190

力口建築
利培安+利培正　主持設計師
TEL：02-2705-9983

弘悅設計事務所
林昱村　主持設計師
TEL：02- 8732-7457

演拓空間設計
張德良+殷崇淵　主持設計師
TEL：02-2766-2589

劉同育空間規劃
劉同育　主持設計師
TEL：0932-670653

福研設計
翁振民　主持設計師
TEL：02-2393-6013

天境空間設計
蔡馥韓　主持設計師
TEL：04-2382-1758

近境制作
唐忠漢　設計總監
TEL：02-2703-1222

專家諮詢

綠鄰系統傢具
謝志廷 經理
TEL：02-8252-1216

吉姆專業廚具系統設計
吳駿逸 設計師
TEL：0910-380-797

優墅科技門窗
顏禎怡
TEL：03-374-9490

億誠空調
李國興
TEL：0982-956681

1 拆除
2 水電
3 鋁窗
4 泥作
5 空調
6 木作
7 系統櫃
8 油漆
9 木地板
10 大理石
11 玻璃
12 鐵件＆五金
13 廚具
14 衛浴
15 燈具
16 窗簾
附錄

搞懂裝潢行情,省錢還賺價差：估價單全破解,工班、設計師教你一起省 / 漂亮家居編輯部作. -- 2版. -- 臺北市：麥浩斯出版：家庭傳媒城邦分公司發行, 2016.01
　　面；　公分. -- (Solution；67X)
ISBN 978-986-408-115-8(平裝)
1.房屋 2.建築物維修 3.室內設計
422.9　　　　　　　　104026865

Solution Book 67X

搞懂 裝潢行情，省錢還賺價差

估價單全破解，工班、設計師教你一起省

作者｜　漂亮家居編輯部

責任編輯｜　許嘉芬
文字編輯｜　黃婉貞、張華承、許嘉芬

封面設計｜　鄭若誼
版型設計｜　白淑貞
美術設計｜　詹淑娟、莊佳芳

發行人｜　何飛鵬
總經理｜　李淑霞
社長｜　林孟葦
總編輯｜　張麗寶
副總編輯｜　楊宜倩
叢書主編｜　許嘉芬

出版｜　城邦文化事業股份有限公司　麥浩斯出版
地址｜　104台北市中山區民生東路二段141號8樓
電話｜　02-2500-7578
E-mail｜　cs@myhomelife.com.tw

發行｜　英屬蓋曼群島商家庭傳媒股份有限公司城邦分公司
地址｜　104台北市民生東路二段141號2樓
讀者服務電話｜　2500-7397；0800-033-866
讀者服務傳真｜　2578-9337
訂購專線｜　0800-020-299（週一至週五上午09:30～12:00；下午13:30～17:00）
劃撥帳號｜　1983-3516
劃撥戶名｜　英屬蓋曼群島商家庭傳媒股份有限公司城邦分公司

香港發行｜　城邦(香港)出版集團有限公司
地址｜　香港灣仔駱克道193號東超商業中心1樓
電話｜　852-2508-6231
傳真｜　852-2578-9337

新馬發行｜　城邦(新馬)出版集團 Cite (M) Sdn. Bhd. (458372U)
地址｜　41, Jalan Radin Anum, Bandar Baru Sri Petaling,
　　　　57000 Kuala Lumpur, Malaysia.

電話｜　603-9056-3833
傳真｜　603-9057-6622

總經銷｜　聯合發行股份有限公司
電話｜　02-2917-8022
傳真｜　02-2915-6275

製版印刷｜　凱林彩印股份有限公司
版次｜　2020年10月2版八刷
定價｜　新台幣420元整